Cinema 4D+
After Effects

视频包装高端案例精讲

崔欧伦 庄华伟 著

中国铁道出版社有限公司
CHINA RAILWAY PUBLISHING HOUSE CO., LTD.

内 容 简 介

本书精心挑选了8个视频包装行业的高级案例进行详细讲解和分析，引导和带领读者学习每个案例的制作过程。其中第1～2章讲解了视频包装行业和Octane渲染器的概况。第3～10章讲解和演示了8个高端案例的制作过程。读者通过学习能够提升对Cinema 4D、Octane渲染器插件以及After Effects软件理解的深度，同时掌握行业制作的流程和制作技巧。

本书适合于Cinema 4D和After Effects软件的初、中级学习者和相关从业人员阅读，也可以作为高等院校相关专业的教材使用。本书附赠案例的教学视频、工程文件和素材。

图书在版编目（CIP）数据

Cinema 4D+After Effects视频包装高端案例精讲/崔欧伦，庄华伟著.—北京：中国铁道出版社有限公司，2020.3（2021.7重印）

ISBN 978-7-113-26515-1

Ⅰ.①C… Ⅱ.①崔… ②庄… Ⅲ.①三维动画软件 Ⅳ.①TP391.414

中国版本图书馆CIP数据核字（2019）第276632号

书　　名：Cinema 4D+After Effects视频包装高端案例精讲
作　　者：崔欧伦　庄华伟

责任编辑：张亚慧	编辑部电话：（010）51873035	邮箱：lampard@vip.163.com
封面设计：宿　萌		
责任印制：赵星辰		

出版发行：中国铁道出版社有限公司（100054，北京市西城区右安门西街8号）
印　　刷：北京柏力行彩印有限公司
版　　次：2020年3月第1版　2021年7月第2次印刷
开　　本：787 mm×1 092 mm　1/16　印张：20　字数：499千
书　　号：ISBN 978-7-113-26515-1
定　　价：108.00元

本书讲解和分析了由Cinema 4D和After Effects软件制作的8个精选高端案例，内容涉及多种作品风格和多种行业应用。其中包括电视栏目包装、电商包装、宣传片、广告等多种行业应用，电商清新风格、CG场景写实风格、实拍结合三维风格、体育栏目包装复古风格、宣传片片头卡通风格、广告流体特效风格等多种类型。

本书共10章，每一章是独立的内容，实例丰富，讲解细致，图文匹配。

第1章讲解了视频包装行业的概述，读者可以通过此章全面了解视频包装行业的概念、发展、流程和技术。

第2章讲解了Octane渲染器插件的概述，读者可以通过此章了解该渲染器插件的用途以及功能。

第3章讲解了体育栏目包装的商业级案例，读者可以通过此章掌握Cinema 4D建模、Octane插件材质渲染、Cinema 4D动画、After Effects合成等技术以及流程。

第4章讲解了钢铁侠场景案例，读者可以通过此章掌握Octane插件布光，Octane插件材质调节，Octane插件渲染设置和输出，After Effects合成等技术以及流程。

前言

第5章讲解了实拍与三维制作相结合风格的案例，读者可以通过此章掌握Cinema 4D摄像机跟踪、Cinema 4D的UV设置、Photoshop绘制贴图、Octane插件材质渲染、After Effects合成等技术以及流程。

第6章讲解了电视栏目包装动画特效案例，读者可以通过此章掌握Cinema 4D群集动画、Cinema 4D的粒子表达式应用、Octane插件材质渲染、After Effects合成等技术以及流程。

第7章讲解了流体广告案例，读者可以通过此章掌握RealFlow插件使用、Octane插件材质渲染、After Effects合成等技术以及流程。

第8章讲解了电商风格视频包装案例，读者可以通过此章掌握Cinema 4D场景搭建、Octane插件材质渲染、After Effects合成等技术以及流程。

第9章讲解了CG场景渲染案例，读者可以通过此章掌握Octane插件布光、Octane插件材质调节、Octane插件渲染设置和输出、After Effects合成等技术以及流程。

第10章讲解了宣传片案例，读者可以通过此章掌握Cinema 4D建模、Cinema 4D运动图形动画、摄像机动画、Octane插件材质渲染、After Effects合成等技术以及流程。

本书的案例全部由Cinema 4D和After Effects软件制作，每个案例都详细讲解了制作思路和制作流程，以及制作过程中运用的技巧和经验。读者在学习过程中除了学习软件知识以外，还能够积累经验，少走弯路，为将来的学习做好铺垫，也能为将来的工作提供很好的引导和启发。本书所有案例的操作过程都录制成了教程视频，并保存了全部案例教程和所有Cinema 4D工程及After Effects工程文件。

本书在写作期间得到了中影华龙教育CEO周志然女士的首肯以及首席内容官孙春星先生的大力支持与指导，并且得到了中影华龙教育刘海英、朱振杰、郭超、刘超洋、王硕、刘建业等同事的帮助，在此一并表示感谢。

最后，衷心希望本书能够为大家带来优质的学习内容和良好的学习体验。

编　者

2020年1月

目 录

第 **3** 章

世界杯宣传片转场镜头制作

第 **4** 章

钢铁侠场景建模与 Octane 渲染

第 **5** 章

实拍结合三维镜头制作

第 **6** 章

钻石渲染与群集动画

第 **7** 章

流体模拟与 Octane 渲染

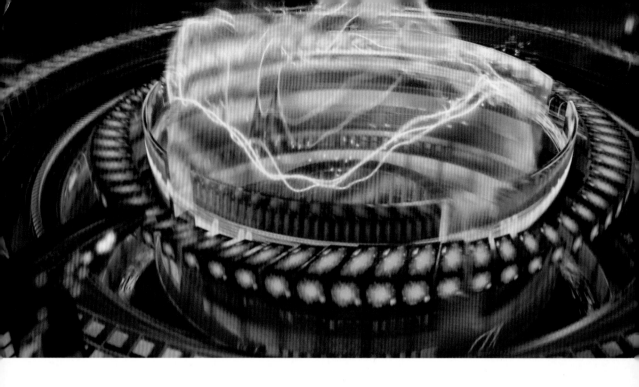

第**8**章

中影华龙线上开播宣传片

 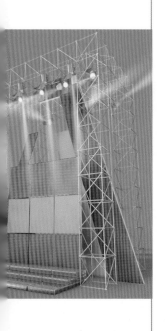

第 **10** 章 🔮 **中影华龙魔法学院片头**

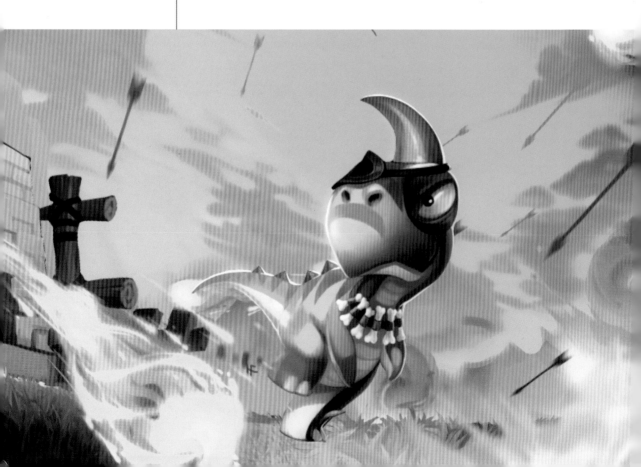

本章主要讲解了视频包装的概念、应用领域、工作流程、技术变迁等内容，使读者在学习案例之前对视频包装行业有一个初步的了解。

第 **1** 章

视频包装概述

▶ 学习要点 ▮

- 视频包装的来历
- 视频包装的流程
- 视频包装的技术

1.1 视频包装的来历

1.1.1 视频包装的概念

　　视频包装是自2010年后逐渐形成的概念，主要是指通过视频和图片制作类软件为有视频展示需求的单位提供创意、设计、视频制作等服务。

　　视频包装涵盖两层含义。首先广义的含义是：通过视频的形式来包装展示企业、产品、人物等，比如为企业制作宣传片、为产品制作广告、为游戏制作推广视频、为电商制作宣传视频等，如图1-1~图1-4所示。

图1-1　企业宣传片　◀◀

图1-2　产品广告　◀◀

图1-3　电商宣传视频　◀◀

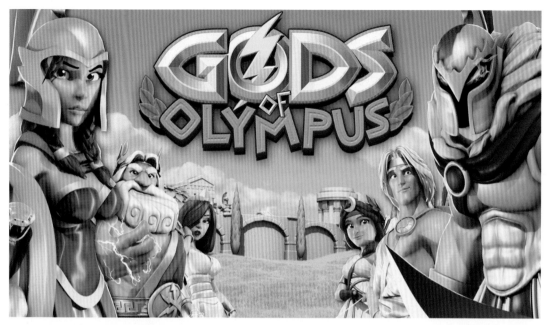

图1-4　游戏推广视频　◀◀

其次狭义含义是：某些事物已经是视频的形式，比如电视节目、电影、短视频、网络综艺等。为这些视频形式的事物进一步提供视频形式的包装，比如制作片头、片尾、转场、导视、字幕、花字等，如图1-5～图1-8所示。

图1-5　电视节目包装　◀◀

图1-6　电影片头包装　◀◀

图1-7　短视频平台包装　◀◀

图1-8　网络综艺节目包装 ◀◀

1.1.2 视频包装的领域变迁

自2000年后中国的电视包装行业逐渐兴起，电视包装主要针对电视台的资源，比如台标、节目、栏目、频道、主持人等。电视包装行业逐渐由节目包装发展为栏目包装，再发展为频道包装，然后发展为品牌包装，如图1-9所示。

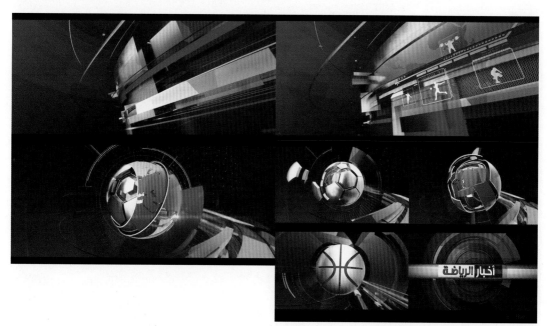

图1-9　电视包装 ◀◀

近些年在视频网络平台上播放的综艺节目的数量已经超越了电视台的播放量。对于网络综艺节目的视频包装也顺畅地从电视包装拓展了过来，如图1-10所示。

图1-10　网络综艺节目包装　◀◀

随着科学技术的发展,特别是互联网的发展，电视包装的概念逐渐广泛应用于其他领域。越来越多的产品不满足于在电视上通过广告展示，在专卖店里、户外广告大屏幕上、楼宇广告中、活动会展的大屏幕里通过视频的形式展示产品已经成为主流，如图1-11和图1-12所示。

图1-11　产品发布会大屏幕视频展示　◀◀

图1-12　楼宇广告视频展示　◀◀

　　在影院里，每一部电影都需要精心设计片头和片尾的Logo展示；投资和宣传发行电影的公司都需要播放展示自己企业的视频，如图1-13和图1-14所示。

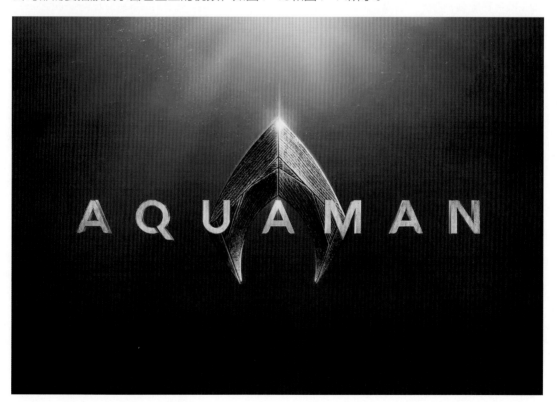

图1-13　电影片头Logo展示　◀◀

图1-14　电影出品公司视频包装 ◀◀

　　如今在电视台播放的大剧、大戏，都会进行片头、片尾和导视等的包装。在网络视频平台上播放的剧集更是需要制作大量的视频包装进行推广，如图1-15和图1-16所示。

图1-15　电视剧片头 ◀◀

图1-16　网络视频平台影视剧片头　◀◀

　　影视剧中的特效成分越来越重，很多国产电视剧都希望达到国际上制作电视剧的水准，需要更多三维和后期的特效制作，其中所使用的技术与电视包装和广告制作所使用的技术如出一辙。所以很多影视剧特效的制作是由它的兄弟子行业视频包装的从业者去完成的，如图1-17和图1-18所示。

图1-17　国外电视剧中的特效　◀◀

图1-18　国产电视剧中的特效　◀◀

　　游戏行业中，各种端游和手游都需要在网络上和终端设备上展现游戏推广视频，如图1-19和图1-20所示。

图1-19　游戏Logo展示　◀◀

图1-20　游戏宣传视频 ◀◀

电商行业的崛起对各种商品、产品的展现产生了大量需求，其中包括海报展示和视频展示等，展现的媒介也多种多样，如户外广告栏、网站、手机、Pad等，电商的视频展示如图1-21所示。

图1-21　电商视频展示 ◀◀

1.2 视频包装工作流程

1.2.1 视频包装工作流程的差异与概括

因为视频包装行业包括很多分支，每个分支代表不同的子行业。每个子行业的工作流程会有所区别。比如电视包装的流程与网络平台的综艺节目的包装类似，有一些差异。比如综艺节目中的花字制作是对每一集综艺节目内容的包装，它与电视台品牌包装、频道包装、网络平台品牌包装、网络综艺片头包装等还是有区别的。

还有一些子行业，工作流程会因为对视频画面质量级别要求的差异、风格的差异、工作量的差异、技术难度的差异而有比较大的不同。比如游戏宣传片可能会有更多角色动画的成分，所以流程细节上会有不小差异，如图1-22所示。

图1-22　角色动画为主的游戏宣传片　◀◀

比如企业或产品宣传片等，可能会因为时长比较长，工作量比较大，在流程上会有差异，如图1-23所示。

图1-23　大场景的宣传片　◀◀

　　图1-23展示的视频场景大，模型、材质比较复杂，片子时长较长，所以流程和分工与其他子行业会有些不同。

　　还有比如广告或者电影片头包装，可能会因为技术难度大，导致流程上会有更多差异，如图1-24所示。

图1-24　技术难度较大的广告　◀◀

图1-24展示的广告中群集类动画频繁出现，特效技术的应用比重较大，材质要求为写实级别，所以难度较大，工作流程差异也会更多。

视频中是否涉及实拍的内容也会使工作流程有所不同，因为除了三维与后期合成的工作外，还要加入实拍、剪辑、调色等工作内容，如图1-25所示。

图1-25　实拍与三维、后期制作相结合的视频　◀◀

所以这里根据各个分支的共性归纳总结出具有代表性的工作流程供读者参考，如图1-26所示。

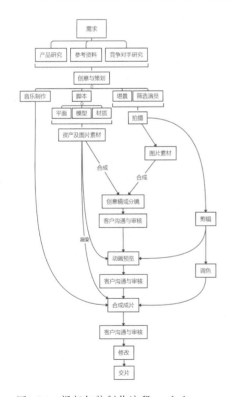

图1-26　视频包装制作流程　◀◀

1.2.2 视频包装流程介绍

01 流程从了解客户需求开始。在与客户反复并且充分沟通后，进行资料的收集工作。其中包括对于要进行视频推广的产品、企业、人物等的研究，以及收集国内外相关视频和图片资料，作为制作需要参考的样片和样图。研究竞争对手的产品和竞争对手推广产品的包装视频也非常重要，尽量做到知己知彼。

02 在充分收集和研究资料之后，进入创意和策划阶段。其间拍摄人员、后期制作人员需要与创意人员、策划人员紧密沟通，确保充分交流，减少误解、误传，提高工作效率。为后续的拍摄、音乐制作、后期制作等工作打下坚实基础

03 在创意确定之后，许多工作可以同时开展，音乐的制作已经可以展开了。脚本的绘制、概念图的设计可以同时进行，如图1-27和图1-28所示。

图1-27　脚本的绘制 ◀◀

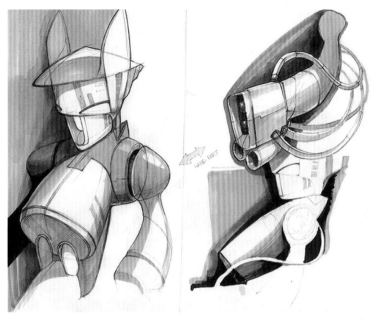

图1-28　概念图的设计　◀◀

　　从视频的格式、分辨率、时长、镜头数量、镜头时长等方面确定工作量的分配。需要实拍的部分由导演、编剧、制片去规划进度，勘景、选择演员、准备服装道具、准备拍摄设备等工作已经进行，为后续的拍摄做好准备。与此同时，后期制作部分必须同时启动，因为影片的最终效果已经在此阶段基本确定，需要制作的后期特效如何与前期拍摄的镜头相结合已经确定了，后期导演已经与导演进行了沟通，并为拍摄提供建议和要求，从而使拍摄之后的后期制作更加高效，不出现纰漏。比如拍摄过程中需要进行摄像机路径的反求，将反求后的虚拟摄像机应用到三维或者后期软件中。所以在拍摄过程中需要在背景中布置跟踪点，能否布置好跟踪点需要后期导演或者后期制作人员的现场沟通与协调，如图1-29所示。

图1-29　跟踪点的布置与拍摄　◀◀

除了跟踪点的布置以外，蓝绿背的拍摄也很常见，目的是能够在后期制作时，把演员与蓝绿背分离，替换成导演需要的背景，如图1-30所示。

图1-30　蓝绿背拍摄　◀◀

04　在脚本确定之后，开始拍摄工作。同时后期制作人员会使用平面软件、三维软件、合成软件等技术，使用拍摄团队提供的拍摄素材结合后期技术生成的素材，制作创意稿或者分镜头，如图1-31和图1-32所示。

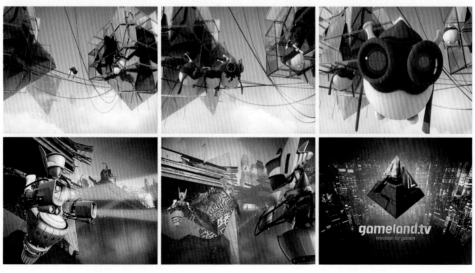

图1-31　视频包装创意稿　◀◀

图1-32　分镜头制作　◀◀

⑤ 生成创意稿或者分镜之后，要及时提交给客户，与客户反复沟通交流后，进行修改，直到满足客户要求，再进行下一步流程。

⑥ 继续使用三维软件生成的文件进行输出渲染，结合平面类软件生成的素材，通过合成软件或剪辑软件制作动画预览，也就是动画小样。实拍类型的片子还要使用剪辑后的拍摄素材参与完成动画小样的制作。动画预览一般分辨率较小，或者使用简单材质效果，为了在渲染和输出时能够节省更多的时间，以便客户可以更快、更早地看到动画效果，如图1-33所示。

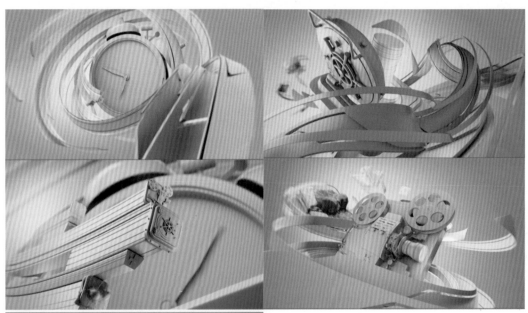

图1-33　动画预览　◀◀

07 将动画预览提交给客户，进行审核与沟通，在反复修改后，达到客户要求，进行下一阶段的工作。

08 使用三维软件生成的文件进行输出渲染，使用合成软件进行后期合成。对剪辑素材进行调色，在剪辑软件中将后期合成软件输出的素材与调色处理后的素材相结合，按照客户要求，按照指定的格式，输出最高分辨率的视频。

09 提交成片给客户进行审核，在沟通之后，反复修改。在流程中笔者多次提到了反复修改，而不只是修改。原因是沟通与修改在项目流程中是司空见惯的事情，而且是频繁发生的事情。作为策划者、创意者、制作者都应该积极且辩证地看待沟通与修改这件事情，从而让视频达到客户满意的效果。

10 之后的事情还是修改，如果顺利，则最终提交成片通过审核。

1.3 视频包装常用技术

1.3.1 视频包装技术变迁

视频包装技术在国内发展得很快，而且紧随国际发展的趋势。在2000年到2012年，国内普遍使用三维软件、平面软件、合成软件、特效软件、剪辑软件等来完成工作流程。这几年间，从业者主要使用Maya来完成三维方面的制作，有少部分人员使用3ds Max完成三维制作。同时从业者使用Photoshop等平面软件来完成制作。对于后期合成来说，从业者主要使用After Effects完成工作。在视频包装发展的早些时候，有一些特效软件在视频包装领域应用，但是考虑到时间成本与技术成本的问题，应用得并不多。从业者对剪辑软件的使用也比较频繁，包括Eduis、Premiere等。

从2012年之后，在视频包装领域，所使用的软件逐渐发生了变化。比如，越来越多的从业者使用Cinema 4D来完成三维制作，现在Cinema 4D的使用已经在视频包装领域占主要比例，有个别流程会使用Maya、3ds Max等三维软件。After Effects因为其易用性和高效性，仍旧是视频包装行业中后期合成的主要工具，同时它与Cinema 4D的结合使用也越来越方便。特效软件在视频包装领域中的应用也越来越广泛，比如流体模拟软件Realflow、跟踪类软件PFTrack等。甚至大型专业的特效软件也会应用到流程中，比如Houdini。为了保证节省时间成本、提高效率、增加功能，在Cinema 4D软件中会使用大量插件，比如粒子特效插件Xparticle、气态流体插件TurbulenceFD等。After Effects软件中也提供了大量的插件，供从业者实现更漂亮、更复杂的效果。

1.3.2 视频包装常用软件

视频包装行业在工作中会使用多种软件工具，由于数目众多，这里只介绍最常用的一些软件。

01 在三维制作方面，从业者主要使用Cinema 4D软件。Cinema 4D常被简称为C4D，它是德国MAXON公司生产的一款三维软件，包括建模、材质、动画、特效等功能，在影视特效、动画设计、平面设计、UI设计、游戏设计等领域有着广泛的应用。Cinema 4D软件的Logo图标，如图1-34所示。

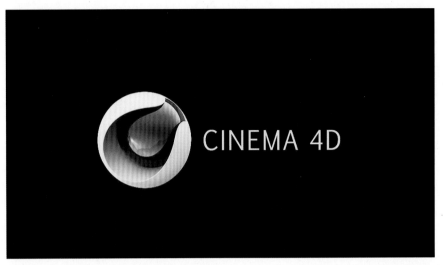

图1-34　Cinema 4D软件的Logo图标　◀◀

Cinema 4D软件的操作界面包括菜单栏、工具栏、视图窗口、对象浏览器、属性面板等，如图1-35所示。

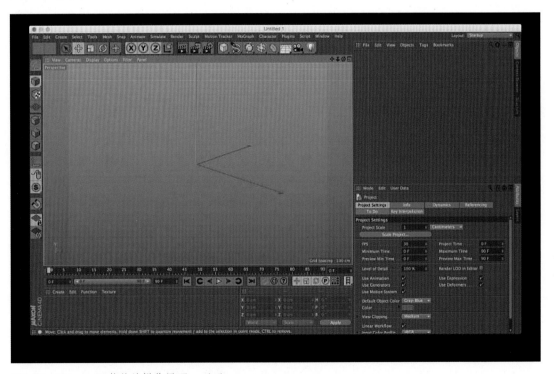

图1-35　Cinema 4D软件的操作界面　◀◀

02 视频包装的工作流程中经常用到平面设计类软件，比如Adobe Illustrator，简称AI。它是一种应用于出版、多媒体和在线图像的工业标准矢量插画的软件。

Adobe Illustrator的操作界面包括菜单栏、工具栏、控制面板、画板等，如图1-36所示。

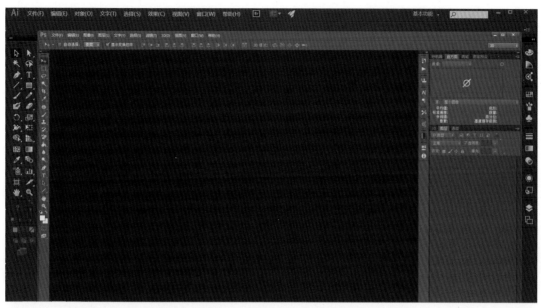

图1-36　Adobe Illustrator的操作界面 ◀◀

03 Photoshop软件是视频包装领域中应用最广泛的平面类软件，简称PS。它是美国Adobe公司旗下最为出名的图像处理软件之一，为集图像扫描、编辑修改、图像制作、广告创意以及图像输入与输出于一体的图形图像处理软件。

Photoshop软件的操作界面包括菜单栏、工具箱、图像窗口、面板组、状态栏等，如图1-37所示。

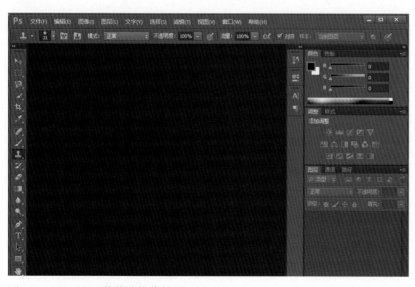

图1-37　Photoshop软件的操作界面 ◀◀

04 后期合成是视频包装流程中很重要的一个环节，After Effects软件是这个环节中最常用的后期合成软件。After Effects软件简称AE。

After Effects软件的操作界面包括菜单栏、项目面板、合成面板、预览视图等，如图1-38所示。

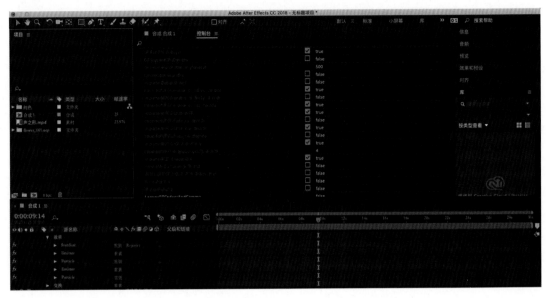

图1-38　After Effects软件的操作界面　◀◀

1.4　本章小结

　　本章主要概括性地讲解了视频包装的概念、应用领域、工作流程、常用技术等内容。使读者能够对视频包装行业有一个宏观的认识。

▶ 本章导读 ▌

本章主要讲解了Cinema 4D中Octane渲染器插件的简介，Octane渲染器插件的下载、安装、使用，Octane渲染器插件的界面概述，Octane渲染器插件的常用对象概述，Octane渲染器插件的材质概述，Octane渲染器插件的节点概述，以及Octane渲染器插件的渲染输出概述。

第  章

Octane渲染器插件

▶ 学习要点 ▌

- Octane渲染器插件的简介
- Octane渲染器插件的下载、安装、使用
- Octane渲染器插件的实时预览窗口概述
- Octane渲染器插件的渲染设置概述
- Octane渲染器插件的常用对象概述
- Octane渲染器插件的材质概述
- Octane渲染器插件的节点概述
- Octane渲染器插件的渲染输出概述

2.1 Octane渲染器插件的简介

　　Cinema 4D中的Octane渲染器插件是OTOY公司开发的一款在Cinema 4D中使用的插件，它使用OTOY Octane Render™ GPU渲染引擎进行渲染，通过显卡的GPU完成渲染计算。在Cinema 4D中Octane渲染器插件支持实时交互式渲染和图片查看器渲染两种渲染方式，如图2-1所示。

图2-1　Octane渲染器插件　◀◀

2.1.1 Octane渲染器插件所支持的软件

　　OTOY公司不仅开发了独立的Octane渲染器程序，也为多种三维软件开发了Octane渲染器插件。比如：Cinema 4D、Maya、3ds Max、Houdini等主流三维软件都可以安装并使用对应的Octane渲染器插件进行渲染，如图2-2所示。

图2-2　支持安装使用Octane渲染器插件的主流三维软件 ◀◀

新版本的Octane渲染器插件将支持更多的软件，包括Maya、Cinema 4D、AutoCAD、Revit、Houdini、Blender、3ds Max、After Effects、Nuke、Unity等，如图2-3所示。

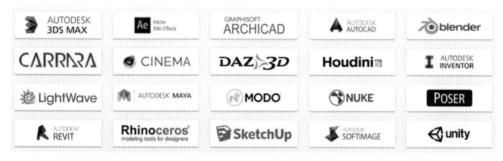

图2-3　支持安装使用Octane渲染器插件的软件 ◀◀

2.1.2　Octane渲染器所应用的领域

由于Octane渲染器渲染出的作品画面写实、质感好、精度高，所以Octane渲染器普遍应用于CG（计算机图形图像，Computer Graphic）领域，在国内所涉及的行业很广，比如：电影后期制作、广告制作、电视包装、电影电视剧包装、电商包装、游戏推广、短视频制作、宣传片制作、活动会展大屏制作等。Octane渲染器在影视作品中的应用如图2-4所示。

图2-4　Octane渲染器在影视作品中的应用 ◀◀

Octane渲染器在广告项目中的应用如图2-5所示。

图2-5　Octane渲染器在广告项目中的应用　◀◀

Octane渲染器在电商包装中的应用如图2-6所示。

图2-6　Octane渲染器在电商包装中的应用　◀◀

Octane渲染器在电视包装中的应用如图2-7所示。

图2-7 Octane渲染器在电视包装中的应用 ◀◀

　　Octane渲染器在游戏推广宣传中的应用如图2-8所示。

图2-8 Octane渲染器在游戏推广宣传中的应用 ◀◀

　　Octane渲染器在建筑设计中的应用如图2-9所示。

图2–9　Octane渲染器在建筑设计中的应用　◀◀

2.2　Octane渲染器插件的下载、安装、使用

2.2.1　插件下载

在OTOY官方网站的页面中可以根据页面的导引，下载Octane渲染器插件，如图2-10所示。

图2–10　下载Octane渲染器插件　◀◀

2.2.2　软硬件系统要求

1. 软件系统要求

Octane独立渲染器和Octane渲染器插件可以运行在如下操作系统中。

（1）Windows XP、Windows Vista、Windows 7、Windows 8（32 and 64 bit）等。

（2）Macintosh OS X（32 and 64 bit）。

2. 硬件系统要求

Octane渲染器插件需要使用支持CUDA的英伟达显卡。Octane渲染器插件在使用Fermi(e.g. GTX 580、GTX 590、GTX 770/780)和Kepler(e.g. GTX 680、GTX 690)的图形处理器进行渲染时效果最好，但是也能够使用支持更老版本的CUDA的图形处理器进行渲染。

2.2.3 插件安装

根据用户所使用的Cinema 4D版本，运行相应的Octane渲染器插件的安装程序，安装完成后插件文件夹将被放置在Cinema 4D的插件目录下，如图2-11所示。

图2-11　Octane渲染器插件被安装在plugins目录下 ◀◀

2.2.4 插件运行

当第一次运行Octane渲染器插件时，会弹出登录窗口，输入用户名、密码后可以使用Octane渲染器插件，如图2-12所示。

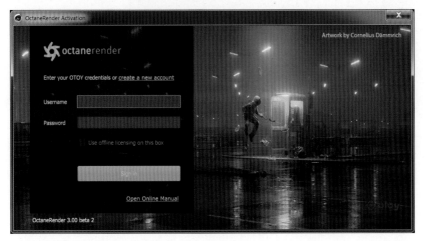

图2-12　Octane渲染器插件登录窗口 ◀◀

2.3 Octane渲染器插件的使用

2.3.1 Live Viewer Window（实时预览窗口）

1. Live Viewer Window（实时预览窗口）界面布局

01 执行Octane渲染器菜单命令"Octane→Live Viewer Window（实时预览窗口）"，打开"Live Viewer 3.07-R1（实时预览3.07-R1）"窗口。"Live Viewer 3.07-R1（实时预览3.07-R1）"窗口是Octane渲染器的重要工作界面，窗口的最上方为菜单栏，可以在菜单中完成渲染设置、创建灯光、创建环境、创建材质球、实时渲染等操作。菜单下面是快捷图标栏，其中有常用的命令。窗口中间的大部分区域是渲染区域，用于实时渲染结果的显示。渲染区域的最下方显示了与渲染相关的一系列参数和渲染进度条，便于用户观察，如图2-13所示。

图2-13 Live Viewer Window（实时预览窗口） ◀◀

02 Live Viewer Window（实时预览窗口）常用按钮，包括Render your scene and Restart new render（发送场景和重新渲染）、Restart new render（重新渲染）、Pause your render（暂停渲染）、Stop and reset render data（停止和重置渲染数据）、Settings（设置）、

Lock resolution（锁定分辨率）、Clay modes（黏土模式）、Render Region（渲染区域）、Pick focus（拾取焦点）、Pick material（拾取材质）、Chn（通道）等，如图2-14所示。

图2-14　Live Viewer Window（实时预览窗口）常用按钮　◀◀

2. 对象创建

Live Viewer Window（实时预览窗口）的菜单命令"Objects（对象）"中有一系列创建Octane对象的命令，其中包括灯光对象、环境对象、摄像机对象、Octane雾体积对象、Octane克隆对象等，如图2-15所示。

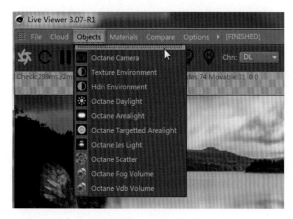

图2-15　Octane对象菜单　◀◀

3. 材质创建

Live Viewer Window（实时预览窗口）的菜单命令"Materials（材质）"中有一系列创建Octane材质球的命令，包括Octane漫反射材质球、Octane光泽材质球、Octane透明材质球、Octane混合材质球、Octane端口材质球等，如图2-16所示。

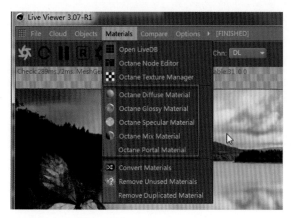

图2-16　Octane材质菜单　◀◀

Cinema 4D+After Effects视频包装高端案例精讲

2.3.2 Octane设置窗口

执行菜单命令"Octane→Octane Settings（Octane设置）"可以打开Octane设置窗口。在此窗口中可以设置Kernels（内核）、CameraImager（摄像机图片）、Post（特效）、Settings（设置）等，如图2-17所示。

渲染设置中Kernels（内核）的设置很重要且常用，其中的渲染类型包括Directlighting（直接照明）、Pathtracing（光线追踪）、PMC等，如图2-18所示。

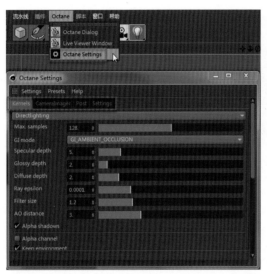

图2-17　Octane Settings（Octane设置窗口）　◀◀　图2-18　Kernels（内核）设置　◀◀

2.3.3 Octane渲染器插件标签系统

当通过Live Viewer Window（实时预览窗口）的菜单创建了Octane对象时，在"对象浏览器"中会出现已经创建了的Octane对象，在对象的右边会出现相应的Octane标签，不同的标签配合不同的对象使用。也可以在"对象浏览器"中，鼠标右键单击某个对象，会弹出快捷菜单命令，通过快捷菜单可以创建各种Octane标签，其中包括日光标签、环境标签、灯光标签、对象标签和摄像机标签，如图2-19所示。

图2-19　Octane 标签　◀◀

2.3.4　Octane渲染器插件材质面板菜单

在Cinema 4D界面的左下角的材质面板中点击菜单命令"创建→着色器→C4doctane"后，快捷菜单中会出现创建材质球的列表。可以通过快捷菜单创建Octane材质球，其中包括Octane Material（Octane材质球）、Octane Mix Material（Octane混合材质球）和Octane Portal Material（Octane端口材质球），如图2-20所示。

图2-20　创建Octane材质球　◀◀

创建Octane材质球后，双击材质球，打开"材质编辑器"窗口，可以看到Octane材质球的通道和相应属性，可以通过单击各通道名称，在"材质编辑器"窗口的右侧调节通道的属性，如图2-21所示。

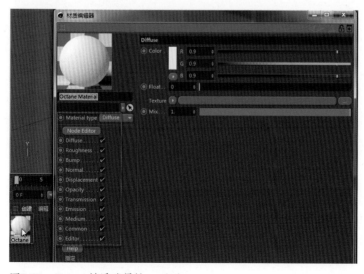

图2-21　Octane材质球属性　◀◀

Octane普通材质球分为Diffuse（漫反射）、Glossy（光泽）和Reflect（镜面）3种材质类型。Diffuse（漫反射）用来制作表面没有反射或者自发光的材质。Glossy（光泽）用来制作有发亮闪光的材质，比如有光泽的塑料和金属。Reflect（镜面）用来制作透明的材质，比如玻璃和水。混合材质球可以混合两种材质球。端口材质球用来模拟场景模型的开放口，比如窗户玻璃等，以便于渲染器能够在模型开口的区域更好地进行灯光采样。Octane普通材质球类型如图2-22所示。

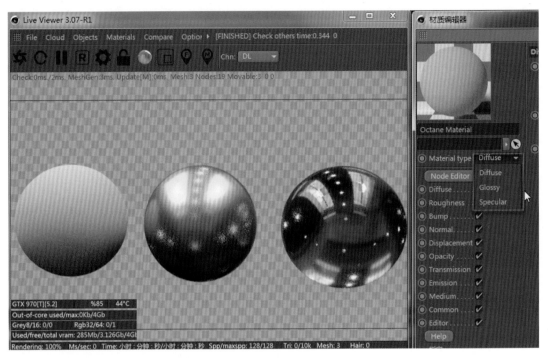

图2-22　常用Octane普通材质球类型 ◀◀

2.3.5　Octane渲染器插件节点编辑

执行"Live Viewer 3.07-R1（实时预览3.07-R1）"窗口的菜单命令"Materials（材质）→ Octane Node Editor（Octane节点编辑器）"，打开"Octane Node Editor（Octane节点编辑器）"窗口。"Octane节点编辑器"窗口的左侧是节点列表，由上至下列举了Octane渲染器插件支持使用的所有节点。连接节点时从左至右进行连接，从一个节点右上角的输出端连接至另一个节点左侧的输入端。Octane材质球的材质属性设置既可以通过材质编辑器完成，也可以通过在Octane节点编辑器连接节点来完成，如图2-23所示。

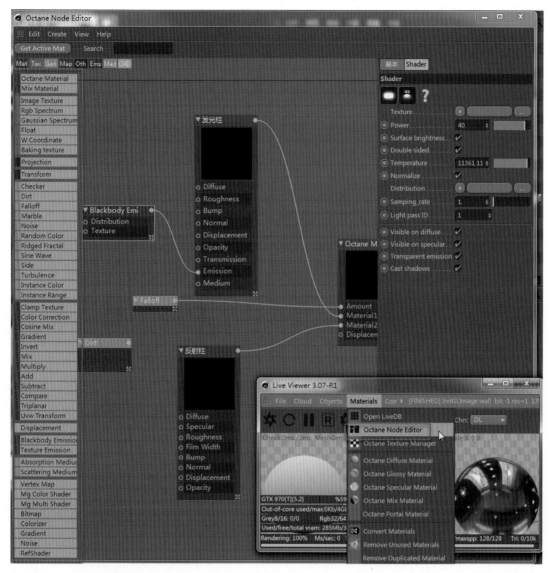

图2-23　Octane节点编辑器　◀◀

2.3.6　Octane渲染器常用对象

1. Octane渲染器插件环境对象

　　任何渲染器的渲染都离不开环境的设置，环境会对场景的照明和渲染效果产生巨大的影响。渲染时它可以影响画面的明暗、颜色倾向、物体的反射、折射等效果。Octane渲染器插件包括两种类型的环境对象，一种是Texture Enviroment（纹理环境对象），另一种是Hdri Environment（环境贴图环境对象）。执行"Live Viewer 3.07-R1（实时预览3.07-R1）"窗口的菜单命令"Objects（对象）→Texture Enviroment（纹理环境对象）"或者"Objects（对象）→Hdri Environment（环境贴图环境对象）"，都可以创建"天空"对象和"Enviroment Tag（环境标签）"。两种对象可以通过设置互相转换，Texture Enviroment（纹理环境对象）的环境标签属性中可以设置RgbSpectrum（红绿蓝光谱），Hdri Environment（环境贴图环境对象）的环境标签属性中可以设置ImageTexture（贴图纹理），如图2-24所示。

图2-24　Octane渲染器插件环境对象 ◀◀

2. Octane渲染器插件灯光对象

执行"Live Viewer 3.07-R1（实时预览3.07-R1）"窗口的菜单命令"Objects（对象）"，会出现下拉菜单，里面列出了Octane渲染器插件常用的灯光对象，其中包括"Octane Daylight（Octane日光）""Octane Arealight（Octane区域光）""Octane Targetted Arealight（Octane目标区域光）""Octane Ies Light（IES灯光）"。Octane Daylight（Octane日光）是添加了"太阳"标签和"DayLight Tag（日光标签）"标签的Cinema4D远光灯。Octane Arealight（Octane区域光）是添加了"Octane LightTag（Octane灯光标签）"标签的Cinema4D区域光。Octane Targetted Arealight（Octane目标区域光）是添加了"Octane LightTag（Octane灯光标签）"标签和"目标"标签的Cinema4D区域光。Octane Ies Light（IES灯光）是由灯光制造厂商发布的灯光文件，许多

三维软件包括Cinema4D可以加载这种文件，用于模拟真实光照效果，如图2-25所示。

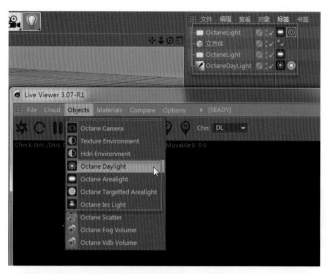

图2-25　Octane渲染器插件灯光对象　◀◀

3. Octane渲染器插件摄像机对象

执行"Live Viewer 3.07-R1（实时预览3.07-R1）"窗口的菜单命令"Objects（对象）"，会出现下拉菜单，第一项"Octane Camera(Octane摄像机)"用于创建Octane摄像机。Octane摄像机是在Cinema4D摄像机上添加了"OctaneCameraTag（Octane摄像机标签）"标签，标签属性中包括Motion Blur（运动模糊）、Thinlens（薄透镜）、Camera Imager（摄像机图片）、Post processing（后期处理）和Stereo（立体），如图2-26所示。

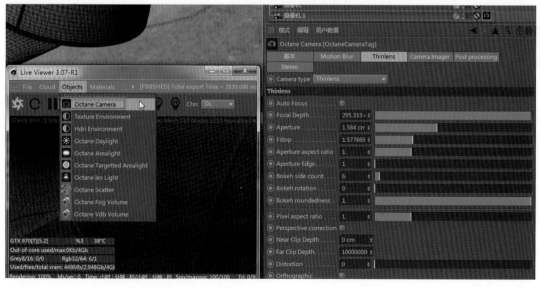

图2-26　Octane渲染器插件摄像机对象　◀◀

4. Octane渲染器插件散布对象

执行"Live Viewer 3.07-R1（实时预览3.07-R1）"窗口的菜单命令"Objects（对象）"，会出现下拉菜单，其中有一项是Octane Scatter（Octane散布对象）。该对象用于在模型表面克隆物体，它可以大量地克隆物体，并且支持设置克隆的分布方式、显示、效果器等，如图2-27所示。

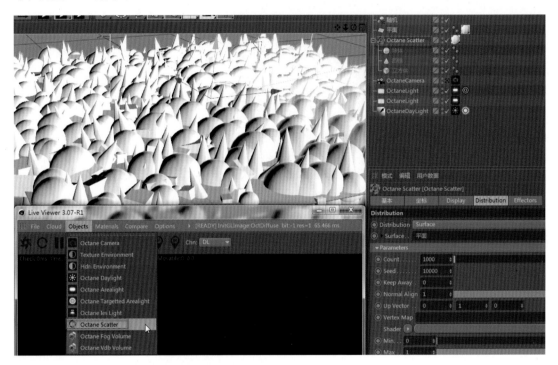

图2-27　Octane渲染器插件散布对象　◀◀

5. Octane渲染器插件体积对象

执行"Live Viewer 3.07-R1（实时预览3.07-R1）"窗口的菜单命令"Objects（对象）"，会出现下拉菜单，其中Octane Fog Volume（Octane雾体积）和Octane Vdb Volume（Octane Vdb体积）用于创建雾、烟、火等特效。这两种体积对象可以通过设置属性"Main→Type"来互相转换。Octane Fog Volume（Octane雾体积）通过设置"Generator"属性来创建烟雾效果。Octane Vdb Volume（Octane Vdb体积）通过加载和设置缓存文件（比如TurbulenceFD插件生成的缓存文件）来创建烟、雾和火的效果，如图2-28所示。

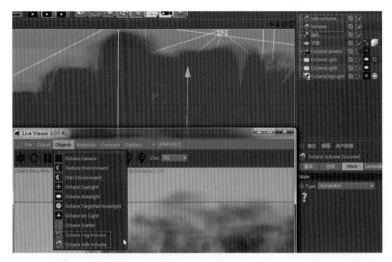

图2-28　Octane渲染器插件体积对象　◀◀

2.3.7　Octane渲染器多通道渲染设置

1.　Octane多通道分类

　　Octane渲染器允许用户将渲染图片的最终结果分离为不同的通道，单独渲染为多通道图片文件。多通道图片文件在后期合成时非常有用，用户可以使用它进行画面的细节调整，生成写实级别的图片。Octane多通道渲染被划分为几种类型，包括Beauty Passes（Beauty通道）、Material Passes（材质通道）、Render Layer Mask Passes（渲染层遮罩通道）、Render Layer Passes（渲染层通道）、Lighting Passes（灯光通道）和Info Passes（信息通道）。在渲染设置的Render Passes（渲染多通道）面板中可以看到上述几种通道类型的设置，如图2-29所示。

图2-29　Render Passes（渲染多通道）面板　◀◀

2. Octane多通道渲染结果显示

在"Live Viewer 3.07-R1（实时预览3.07-R1）"窗口中渲染时，如果在渲染设置的Render Passes（渲染多通道）面板中勾选了相应的通道，那么在该窗口的下方会出现多通道标签。点击这些标签时，"Live Viewer 3.07-R1（实时预览3.07-R1）"窗口会切换为相应通道的图片显示。打开窗口后的默认状态下，窗口显示最终渲染结果，如图2-30所示。

点击"Dif（漫反射）"标签显示漫反射渲染结果，如图2-31所示。

图2-30　窗口显示最终渲染结果 ◀◀

图2-31　窗口显示漫反射渲染结果 ◀◀

点击"Ref（反射）"标签显示反射渲染结果，如图2-32所示。

点击"Refr（折射）"标签显示折射渲染结果，如图2-33所示。

点击"Ali（环境光照明）"标签显示环境光照明的渲染结果，如图2-34所示。

点击"Li1（灯光照明1）"标签显示第一个灯光照明的渲染结果，如图2-35所示。

图2-32　窗口显示反射渲染结果 ◀◀

图2-33　窗口显示折射渲染结果 ◀◀

图2-34　窗口显示环境光照明的渲染结果 ◀◀

图2-35　窗口显示第一个灯光照明的渲染结果 ◀◀

点击"AO（环境吸收）"标签显示环境吸收的渲染结果，如图2-36所示。

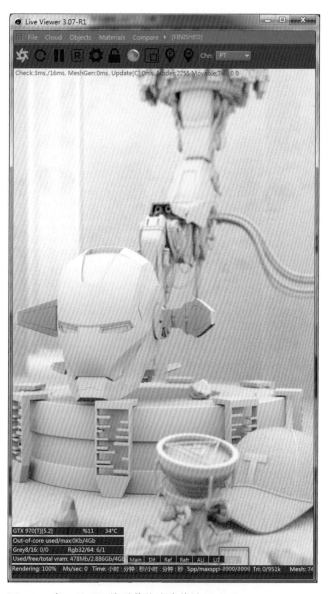

图2-36　窗口显示环境吸收的渲染结果　◀◀

3. Octane各多通道类型概述

01 Beauty Passes（Beauty通道）：包括影响最终渲染结果的多个通道，比如Diffuse（漫反射）、Diffuse Direct（直接漫反射）、Diffuse Indirect（间接漫反射）、Diffuse Filter（漫反射滤镜）、Reflection（反射）、Reflection Direct（直接反射）、Reflection Indirect（间接反射）、Reflection Filter（反射滤镜）、Refraction（折射）、Refraction Filter（折射滤镜）、Transmission（基础色）、Transmission Filter（基础色滤镜）、Subsurface Scattering（次表面散射）等通道，如图2-37所示。

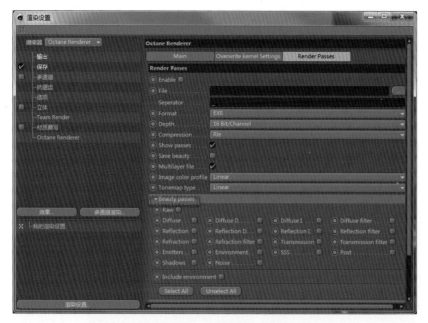

图2-37　Beauty Passes（Beauty通道）渲染设置 ◀◀

02 Material Passes（材质通道）：包括Octane材质球属性中的相应通道，比如Opacity（不透明度）、Roughness（粗糙度）、Index of Refraction（折射率）、Diffuse Filter（漫反射滤镜）、Reflection Filter（反射滤镜）、Refraction Filter（折射滤镜）和Transmission Filter（基础色滤镜）通道，如图2-38所示。

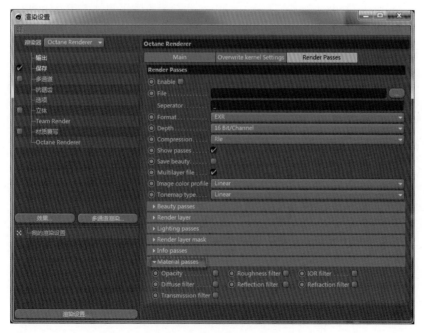

图2-38　Material Passes（材质通道）渲染设置 ◀◀

03 Render Layer Passes（渲染层通道）：用于单独提取出图片中的某个物体，渲染时生成黑白图片。提取出的物体为白色，其他部分为黑色。在合成时可以针对单个物体进行调色和特效合成等操作。Render Layer Passes（渲染层通道）要结合Octane ObjectTag（Octane对象标签）中的Layer ID（层ID）属性使用。Render Layer Passes（渲染层通道）中的属性Layer ID（层ID）与Octane ObjectTag（Octane对象标签）中的Layer ID（层ID）一致，就会渲染该Layer ID（层ID）对应的物体，如图2-39所示。

图2-39　Render Layer Passes（渲染层通道）渲染设置　◀◀

04 Render Layer Mask Passes（渲染层遮罩通道）：用于单独提取出图片中的多个物体，渲染时生成多套黑白图片。每套图片中提取出的物体为白色，其他部分为黑色。在合成时可以针对每个提取出的物体进行调色和特效合成等操作。Render Layer Mask Passes（渲染层遮罩通道）要结合Octane ObjectTag（Octane对象标签）中的Layer ID（层ID）属性使用。Render Layer Mask Passes（渲染层遮罩通道）中的属性Layer ID（层ID）与Octane ObjectTag（Octane对象标签）中的Layer ID（层ID）一致，就会渲染该Layer ID（层ID）对应的物体的层遮罩图像，如图2-40所示。

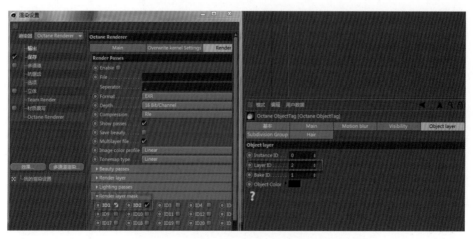

图2-40　Render Layer Mask Passes（渲染层遮罩通道）渲染设置　◀◀

05 Lighting Passes（灯光通道）：可以分离场景中每一个灯光的照明效果。对某一个灯光通道的渲染效果来说，就好像渲染时只打开某一个灯光，关掉其他灯光所得到的效果。Lighting Passes（灯光通道）包括Ambient Light（环境灯光）、Sun Light（太阳光）、Light Pass 1-8（灯光通道1至8），如图2-41所示。

图2-41　Lighting Passes（灯光通道）渲染设置　◀◀

06 Info Passes（信息通道）：提供了对其他效果的渲染，比如Z-Depth（深度通道）、Motion Vector（运动矢量通道）、Wireframe（线框通道）、Ambient Occlusion（环境吸收通道）等，如图2-42所示。

图2-42　Info Passes（信息通道）渲染设置　◀◀

进行渲染设置时，可以根据后续的合成需求决定是否勾选Render Passes（渲染多通道）面板中的通道，如果勾选某个通道，则在渲染输出时，会渲染输出该通道图片。

2.4　本章小结

本章主要概述了Cinema 4D中Octane渲染器插件，包括应用领域、下载、安装、使用、界面布局、常用对象、常用材质、节点操作、多通道渲染输出等。希望读者能对Cinema 4D中Octane渲染器插件有一个整体性的认识，为今后的详细了解做好铺垫。

第•**3**•章

世界杯宣传片转场镜头制作

▶ **本章导读** ▌

本章主要讲解了世界杯主题的栏目包装案例。案例中用Cinema 4D完成徽章硬表面建模、用Octane渲染器插件完成徽章材质渲染、用Cinema 4D完成三维运动图形动画与摄像机动画、用Affter Effects完成后期合成。案例包括一个徽章转场镜头，镜头的Cinema 4D工程文件、Affter Effects工程文件和合成素材，在随书的下载中提供。

▶ **学习要点** ▌

- 徽章模型的硬表面建模
- Octane渲染器渲染复古风格徽章材质
- 三维运动图形动画与摄像机动画
- 后期调色、抠像、合成转场镜头

3.1 徽章硬表面建模

本章讲解了部分徽章模型的建模方法，包括徽章正面的主要部分。通过曲面建模制作徽章边框、徽章的主体部分和徽章上的文字等。其他部分的建模步骤可参看配套视频教学录像。用Octane渲染器渲染的镜头的效果如图3-1所示。

图3-1　Octane渲染器渲染的镜头的效果　◀◀

镜头的制作过程及渲染效果如图3-2所示。

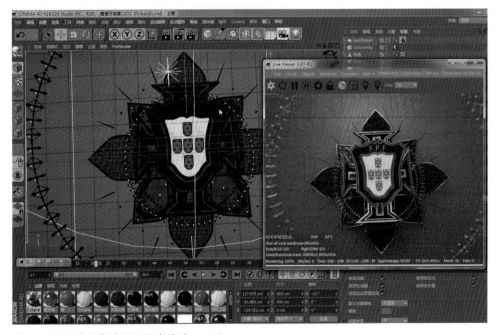

图3-2　镜头的制作过程及渲染效果　◀◀

3.1.1 徽章边框建模

1. 为扫描对象绘制路径样条线和创建横截面样条

① 为扫描对象绘制路径样条线，使用Cinema 4D画笔工具，在正视图中绘制样条线作为徽章边框的路径线，在对象浏览器中生成"样条"对象。单击"样条"，在界面右下角属性面板中设置属性，设置"对象→角度"为3°，如图3-3所示。

② 为扫描对象创建横截面样条，单击Cinema 4D工具栏中的"多边"，创建"多边"对象。在对象浏览器中单击"多边"，在界面右下角属性面板中设置属性，设置"对象→半径"为1.9，"对象→侧边"为10，如图3-4所示。

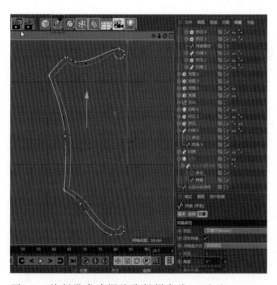

图3-3 绘制徽章边框的路径样条线 ◀◀

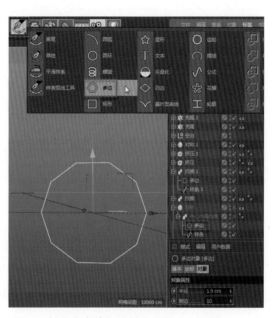

图3-4 创建徽章边框的横截面样条 ◀◀

2. 生成扫描对象

单击Cinema 4D工具栏中的"扫描"，创建"扫描"对象。在对象浏览器中重命名为"中心外圈扫描"，将"多边"和"样条"对象放入"中心外圈扫描"的子级别，层级中的顺序为"多边"在"样条"的上面，如图3-5所示。

3. 生成对称对象

单击Cinema 4D工具栏中的"对称"，创建"对称"对象。在对象浏览器中将"中心外圈扫描"放入"对称"的子级别。在界面右下角属性面板中设置"对称"的属性，设置"对象→镜像平面"为"ZY"，如图3-6所示。

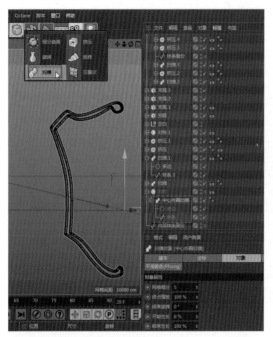

图3-5　生成扫描对象　◀◀

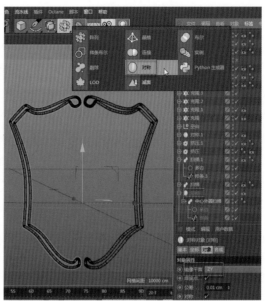

图3-6　生成对称对象　◀◀

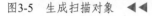

3.1.2　徽章面板建模

1. 为徽章面板绘制样条线

为徽章面板绘制样条线，使用Cinema 4D画笔工具，在正视图中绘制样条线作为徽章面板的挤压轮廓，在对象浏览器中生成"样条2"。单击"样条2"，在界面右下角属性面板中设置属性，设置"对象→角度"为3°，如图3-7所示。

2. 生成挤压对象

单击Cinema 4D工具栏中的"挤压"，创建"挤压1"对象。在对象浏览器中将"样条2"放入"挤压1"的子级别。在界面右下角属性面板中设置属性，设置"对象→移动"的第三个数值为1cm，设置"封顶→顶端"为"圆角封顶"，"封顶→末端"为"圆角封顶"，"封顶→步幅"为2，"封顶→半径"为0.3cm，勾选"封顶→约束"，如图3-8所示。

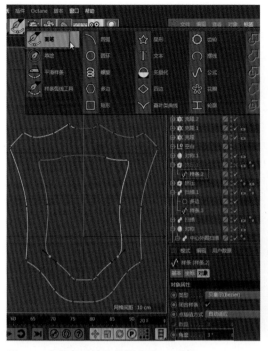

图3-7　为徽章面板绘制样条线　◀◀

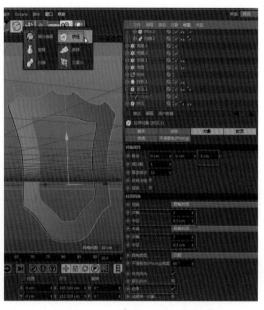

图3-8　为徽章面板生成挤压对象　◀◀

3.1.3　徽章文字建模

1.　创建文字对象

　　单击Cinema 4D工具栏中的"文本"，创建文本对象。在对象浏览器中单击"文本"，在界面右下角属性面板中设置属性，设置"对象→文本"为"F.P.F"，"对象→字体"为"Adobe 黑体 Std R"，"对象→高度"为26cm，"平面"为"XY"，如图3-9所示。

2.　为文字生成挤压对象

　　单击Cinema 4D工具栏中的"挤压"，创建"挤压5"对象。在对象浏览器中将"文本"放入"挤压5"的子级别。在界面右下角属性面板中设置属性，设置"对象→移动"的第三个数值为2cm，设置"封顶→顶端"为"圆角封顶"，"封顶→末端"为"圆角封顶"，"封顶→步幅"为2，"封顶→半径"为0.3cm，勾选"封顶→约束"，勾选"封顶→创建单一对象"，如图3-10所示。

图3-9　生成文字对象　◀◀

图3-10　为文字生成挤压对象　◀◀

此案例的完整模型效果如图3-11所示。

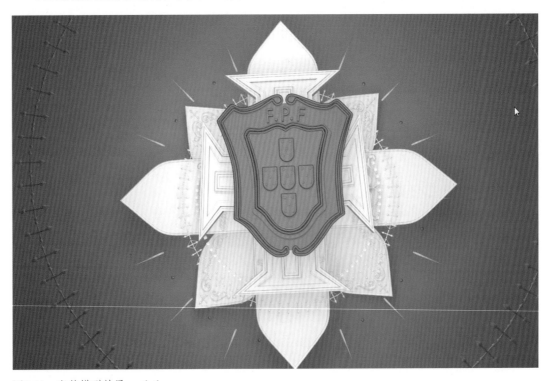

图3-11　完整模型效果　◀◀

3.2 Octane渲染器渲染徽章材质

3.2.1 Octane渲染设置和布光

1. 测试渲染设置

01 为了提高渲染测试时的效率，减少渲染时间，首先使用相对精度较低的渲染模式。执行菜单命令"Octane→Live Viewer Window（实时预览窗口）"，打开"Live Viewer 3.07-R1（实时预览3.07-R1）"窗口。单击"Live Viewer 3.07-R1（实时预览3.07-R1）"窗口中的"Settings（设置）"按钮（形状为一个齿轮），打开"Octane Settings（Octane设置）"窗口。点击"Kernels（内核）"标签页，设置第一项属性为"Directlighting（直接照明）"，如图3-12所示。

图3-12　测试渲染设置　◀◀

02 在"Octane Settings（Octane设置）"窗口中设置"Settings（设置）"标签页下面的"Env.（环境）"标签页属性。把"Env.color（环境颜色）"设置为灰色，如图3-13所示。

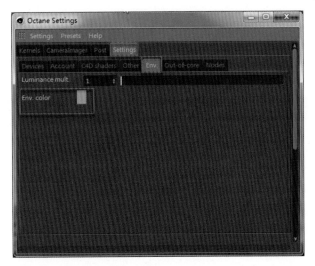

图3-13　环境颜色设置　◀◀

03 在没有灯光和环境的情况下，单击"Octane→Live Viewer Window（实时预览窗口）"的"Send your scene and Restart new render（发送场景和重新渲染）"按钮，测试渲染，如图3-14所示。

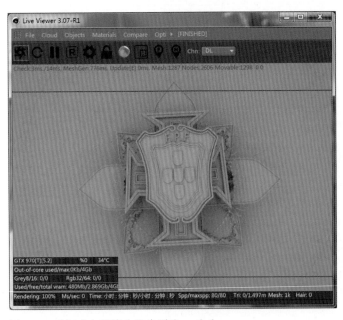

图3-14　无灯光和环境的渲染测试　◀◀

2．环境设置与布光

01 由于整个画面的最终效果中有许多金色金属材质，所以给场景添加一个偏暖色调的环境，以便于在调节材质时，能够使金属颜色偏暖。在"Live Viewer 3.07-R1（实时预览3.07-R1）"窗口中执行菜单命令"Objects→Hdri Environment（对象→Hdri环境）"，在对象浏览器中生成"OctaneSky（Octane天空）"对象，单击该对象右侧的"Environment Tag（环境标签）"，在界面右下角属性面板中，可以看到属性"Main→Texture（贴图）"的右侧有一个长按钮"ImageTexture（贴图纹理）"，如图3-15所示。

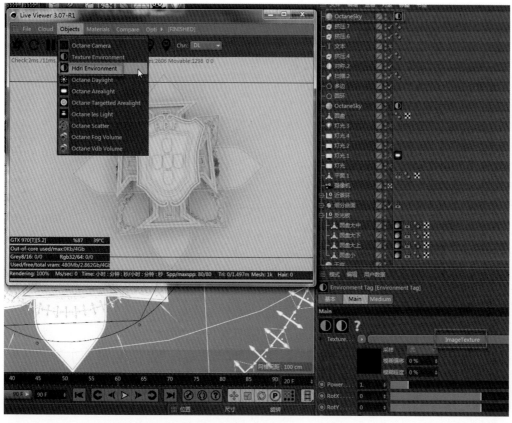

图3-15　创建"OctaneSky（Octane天空）"对象 ◀◀

02 单击"Texture（贴图）"右侧的长按钮后，界面右下角属性面板变为"ImageTexture（贴图纹理）"。设置属性"Shader（着色器）→File（文件）"，单击"File（文件）"最右侧的小按钮，加载一张HDR贴图。贴图在随书的下载中可以找到，如图3-16所示。

图3-16　为"Environment Tag（环境标签）"加载HDR贴图 ◀◀

3. 灯光布置

① 首先布置主光源，执行"Live Viewer 3.07-R1（实时预览3.07-R1）"窗口的菜单命令"Objects（对象）→Octane Arealight（Octane面光源）"，创建Octane面光源，在对象浏览器中把新Octane面光源重命名为"正面投影光"。在Cinema 4D视图窗口中将"正面投影光"放置于徽章模型的正前方。因为Octane面光源的大小会影响照明的范围和亮度，所以需要对其尺寸做适当调整。在对象浏览器中选中Octane面光源"正面投影光"，点击属性面板中的"细节"标签，设置"水平尺寸"为238.338，"垂直尺寸"为571.057，如图3-17所示。

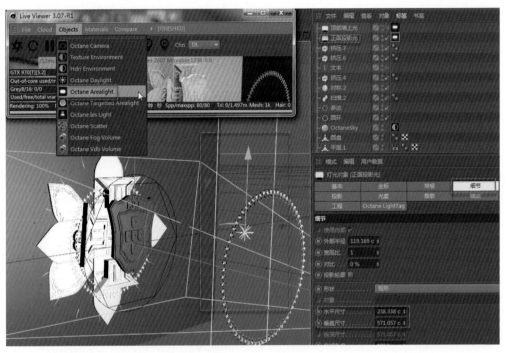

图3-17　创建和摆放"正面投影光"　◄◄

② 在对象浏览器中点击Octane面光源"正面投影光"的标签"Octane LightTag（Octane灯光标签）"，在属性面板中鼠标左键框选"Light settings（灯光设置）"和"Visibility（可见性）"，调整"Power（强度）"为3，"Temperature（温度）"为6500，点击去选"Shadow visibility（阴影可见性）"和"Camera visibility（摄像机可见性）"。使该灯光强度适中，色温默认，该灯光被其他灯光照射时不产生阴影且摄像机渲染不可见，如图3-18所示。

③ 然后布置辅助光源，打亮局部背景墙。执行"Live Viewer 3.07-R1（实时预览3.07-R1）"窗口的菜单命令"Objects→Octane Arealight（对象→Octane面光源）"，创建Octane面光源，在对象浏览器中将新Octane面光源命名为"顶部墙上光"。在Cinema 4D视图窗口中将"顶部墙上光"放置于靠近徽章模型的上方。在对象浏览器中选中Octane面光源"顶部墙上光"，点击属性面板中的"细节"标签，设置"水平尺寸"为238.338，"垂直尺寸"为172.874，如图3-19所示。

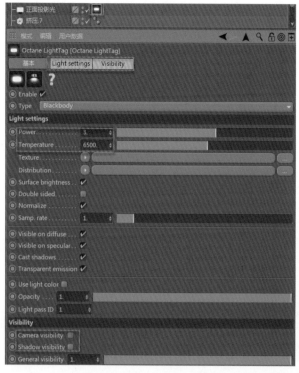

图3-18 "Octane LightTag（Octane灯光标签）"属性设置 ◀◀

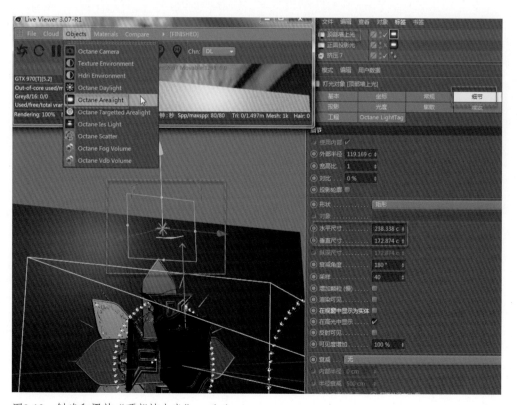

图3-19 创建和摆放"顶部墙上光" ◀◀

04 在对象浏览器中点击Octane面光源"正面投影光"的标签"Octane LightTag（Octane 灯光标签）"，在属性面板中鼠标左键框选"Light settings（灯光设置）"和"Visibility（可见性）"，调整"Power（强度）"为5，"Temperature（温度）"为6500，点击去选"Shadow visibility（阴影可见性）"和"Camera visibility（摄像机可见性）"。使该灯光强度适中，色温默认，该灯光被其他灯光照射时不产生阴影且摄像机渲染不可见，如图3-20所示。

图3-20　"顶部墙上光"的标签"Octane LightTag（Octane灯光标签）"属性设置　◀◀

05 在"Live Viewer 3.07-R1（实时预览3.07-R1）"窗口中单击"Send your scene and Restart new render（发送场景和重新渲染）"按钮，进行布光后的测试渲染。徽章模型正面受光，背景墙上有柔和的阴影，如图3-21所示。

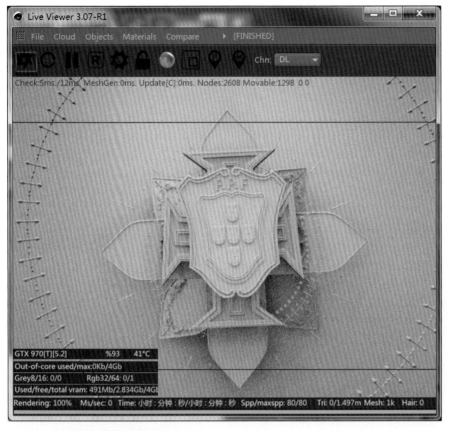

图3-21　布光后的测试渲染　◀◀

3.2.2　Octane金属材质调节

　　案例中有大量金属材质效果，这里主要讲解如何调节徽章边缘模型的金属材质。徽章边缘的金属表面有很多明亮的条纹，可以通过反射周边环境得到明亮条纹的效果，但是还不够丰富，所以这里通过混合材质节点、发光材质节点、金属光泽材质节点和衰减节点的作用，在金属的侧面展现更多明亮条纹的效果。下面具体讲解侧面有明亮条纹的金色金属材质的调节方法。

　　（1）创建"外圈金属混合"材质和连接节点

　　执行"Live Viewer 3.07-R1（实时预览3.07-R1）"窗口菜单命令，"Materials（材质）→Octane Node Editor（Octane节点编辑器）"，打开"Octane Node Editor（Octane节点编辑器）"。从左侧节点列表中用鼠标左键拖动1个 "Mix Material（混合材质）"节点、2个"Octane Material（Octane材质）" 节点、1个"Blackbody Emission（黑体发射）" 节点、1个"RgbSpectrum（红绿蓝光谱）"节点、1个"Falloff（衰减）"节点到"Octane Node Editor（Octane节点编辑器）"中。将"Mix Material（混合材质）"命名为"外圈金属混合"。将一个"Octane Material（Octane材质）"命名为"外圈金属"。将另一个"Octane Material（Octane材质）"命名为"金属边发亮"。用鼠标

左键将"Falloff（衰减）"的输出端连接至"外圈金属混合"的"Amount（数量）"参数，将"外圈金属"的输出端连接至"外圈金属混合"的"Material1（材质1）"参数，将"金属边发亮"的输出端连接至"外圈金属混合"的"Material2（材质2）"参数。如图3-22所示。

图3-22 "外圈金属混合"材质节点连接 ◀◀

（2）设置"外圈金属混合"材质节点所连接的各个节点，使金色金属侧面有更多明亮条纹出现。

① 设置"外圈金属"节点属性，调节"Diffuse（漫反射）→Color（颜色）"为棕色，"Specular（反射）→Color（颜色）"为米黄色，"Roughness（粗糙度）→Float（浮点值）"为0.1529，"Index（索引）→Index（索引值）"为2.108504。如图3-23所示。

② 设置"金属边发亮"节点属性。调节"Diffuse（漫反射）→Color（颜色）"为浅棕色。如图3-24所示。

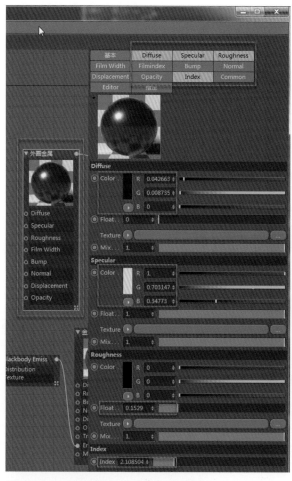

图3-23 "外圈金属"节点设置 ◀◀

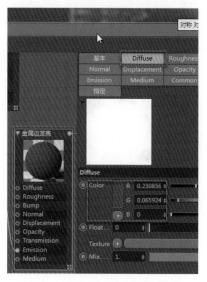

图3-24 "金属边发亮"节点设置 ◀◀

03 设置"Blackbody Emission（黑体发射）"节点。调节"Shader（着色器）→Power（强度）"为1.96。"Shader（着色器）→Temperature（色温）"为5336.016。如图3-25所示。

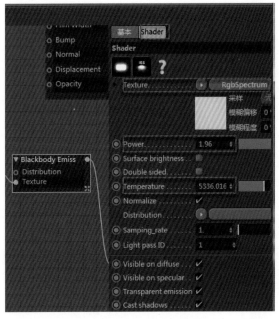

图3-25　"Blackbody Emission（黑体发射）"节点设置　◀◀

04 设置"RgbSpectrum（红绿蓝光谱）"节点。调节"Shader（着色器）→Color（颜色）"为米黄色。如图3-26所示。

图3-26　"RgbSpectrum（红绿蓝光谱）"节点设置　◀◀

05 设置"Falloff（衰减）"节点。调节"Shader（着色器）→Mode（模式）"为"Normal vs. vector 90deg"，"Shader（着色器）→Minimum value（最小值）"为0.9，"Shader（着色器）→Maximum value（最大值）"为1，如图3-27所示。

图3-27　"Falloff（衰减）"节点设置　◀◀

⑥ 单击 "Octane→Live Viewer Window（实时预览窗口）" 的 "Send your scene and Restart new render（发送场景和重新渲染）" 按钮，渲染测试金属材质效果。侧面有明亮条纹的金色金属效果，如图3-28所示。

图3-28　侧面有明亮条纹的金色金属效果　◀◀

3.2.3　Octane花纹塑料材质调节

案例中有大量花纹材质效果，比如红色、白色、绿色、灰色等。这里主要讲解灰色花纹材质的调节方法。灰色花纹材质表面有颜色深浅的变化，也有细小的凹凸纹理效果，除此之外表面还有明显的花纹凹凸效果。

① 创建 "灰色花板" 材质和连接节点，在 "Octane Node Editor（Octane节点编辑器）" 窗口中，从左侧节点列表中用鼠标左键拖动1个 "Octane Material（Octane材质）" 节点到 "Octane Node Editor（Octane节点编辑器）" 中，设置属性 "基本→名称" 为 "灰色花板"，"基本→Material type（材质类型）" 为 "Diffuse（漫反射）"。拖动2个 "Noise（噪波）" 节点、1个 "ColorCorrection（校色）" 节点、1个 "Displacement（置换）" 节点、1个 "ImageTexture（贴图纹理）" 节点、3个 "Transform（变换）" 节点到 "Octane Node Editor（Octane节点编辑器）" 中。用鼠标左键将 "ColorCorrection（校色）" 的输出端连接至 "灰色花板" 的 "Diffuse（漫反射）" 参数，再将一个 "Noise（噪波）" 的输出端连接至 "ColorCorrection（校色）" 的 "Texture（贴图）" 参数，最后将 "Transform（变换）" 的输出端连接至 "Noise（噪波）" 的 "Transform（变换）" 参数。将另一个 "Noise（噪波）" 的输出端连接至 "灰色花板" 的 "Bump（凹凸）" 参数，然后将

"Transform（变换）"的输出端连接至"Noise（噪波）"的"Transform（变换）"参数。将"Displacement（置换）"的输出端连接至"灰色花板"的"Displacement（置换）"参数，再将"ImageTexture（贴图纹理）"的输出端连接至"Displacement（置换）"的"Input（输入）"参数，最后将"Transform（变换）"的输出端连接至"ImageTexture（贴图纹理）"的"Transform（变换）"参数，如图3-29所示。

图3-29　"灰色花板"材质和连接节点　◀◀

⓶ 设置"灰色花板"材质所连接的各个节点，设置连接"灰色花板"材质"Diffuse（漫反射）"参数的"Noise（噪波）"节点，如图3-30所示。

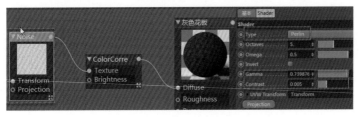

图3-30　"Noise（噪波）"节点设置　◀◀

⓷ 设置连接"灰色花板"材质"Diffuse（漫反射）"参数的"Transform（变换）"节点，如图3-31所示。

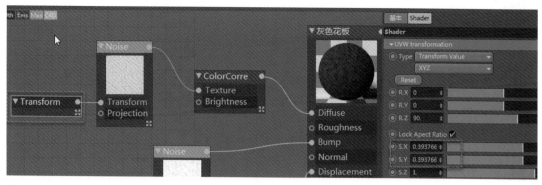

图3-31　"Transform（变换）"节点设置　◀◀

04 设置连接"灰色花板"材质"Diffuse（漫反射）"参数的"ColorCorrection（校色）"节点，如图3-32所示。

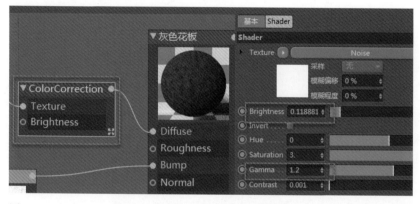

图3-32　"ColorCorrection（校色）"节点设置　◀◀

05 设置连接"灰色花板"材质"Bump（凹凸）"参数的"Noise（噪波）"节点，如图3-33所示。

图3-33　"Noise（噪波）"节点设置　◀◀

06 设置连接"灰色花板"材质"Bump（凹凸）"参数的"Transform（变换）"节点，如图3-34所示。

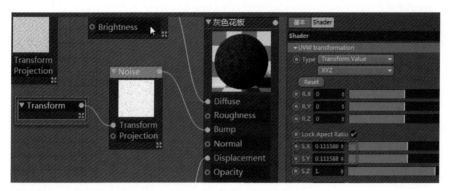

图3-34　"Transform（变换）"节点设置　◀◀

⑦ 设置连接"灰色花板"材质"Displacement（置换）"参数的"Displacement（置换）"节点，如图3-35所示。

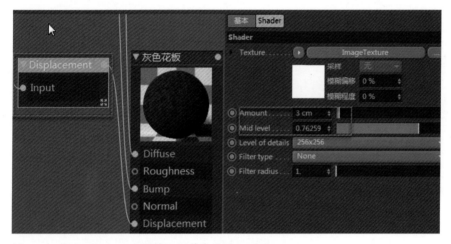

图3-35　"Displacement（置换）"节点设置　◀◀

⑧ 设置连接"灰色花板"材质"Displacement（置换）"参数的"ImageTexture（贴图纹理）"节点，如图3-36所示。

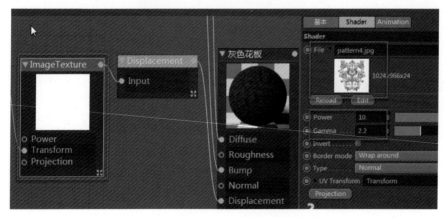

图3-36　"ImageTexture（贴图纹理）"节点设置　◀◀

⑨ 设置连接"灰色花板"材质"Displacement（置换）"参数的"Transform（变换）"节点，如图3-37所示。

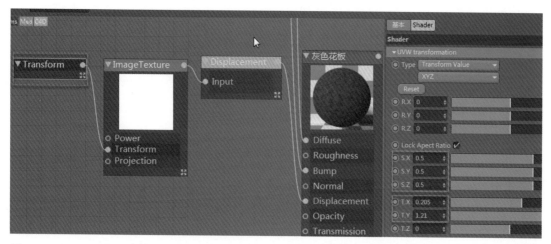

图3-37　"Transform（变换）"节点设置　◀◀

⑩ 单击"Octane→Live Viewer Window（实时预览窗口）"的"Send your scene and Restart new render（发送场景和重新渲染）"按钮，渲染测试"灰色花板"材质效果，如图3-38所示。

图3-38　渲染测试"灰色花板"材质效果　◀◀

3.3 三维运动图形动画与摄像机动画

本节主要讲解徽章的位移与旋转动画、摄像机动画和徽章中心的翻转动画。

3.3.1 徽章移动与旋转动画

01 设置徽章灰色板子的移动动画，让灰色板子的每一个板子从圆心向外产生位移动画。在对象浏览器中单击"克隆2"，它就是视图中的灰色板子，称为"灰色板子"。在属性面板中，分别在第0帧和第40帧，为属性"对象→半径"设置关键帧动画。第0帧时"对象→半径"为-113.642cm，第40帧时"对象→半径"为-51cm，之后在"时间线窗口"中可以看到该属性的动画曲线，将动画曲线调节为如图3-39所示。

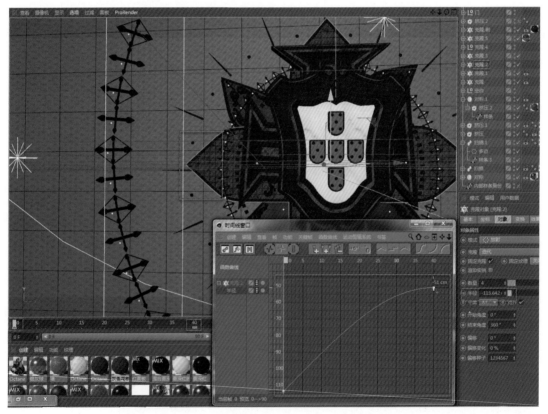

图3-39 "灰色板子"位移动画关键帧 ◀◀

02 设置徽章绿色板子的旋转动画，让绿色板子的每一个板子沿自身坐标轴旋转起来。在对象浏览器中单击"克隆3"，它就是视图中的绿色板子，称为"绿色板子"。在属性面板中，分别在第0帧、第46帧和第90帧，为属性"变换→旋转.H"设置关键帧动画。第0帧时"变换→旋转.H"为47°，第46帧时"变换→旋转.H"为-49°，第90帧时"变换→旋转.H"为-79°，之后在"时间线窗口"中可以看到该属性的动画曲线，将动画曲线调节为如图3-40所示。

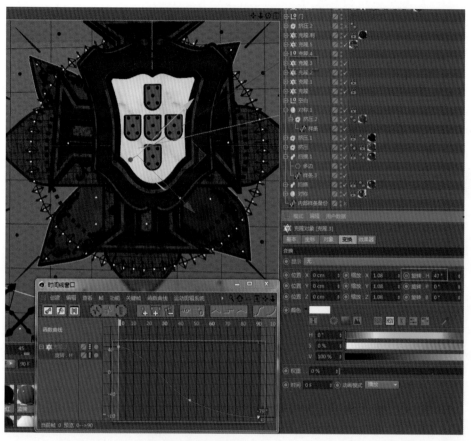

图3-40　"绿色板子"旋转动画关键帧 ◀◀

3.3.2 摄像机动画

设置摄像机推进动画，让摄像机由远及近向徽章移动，移动过程中有略微旋转，确保镜头对准徽章中心。

在对象浏览器中单击"摄像机"，在属性面板中，分别在第0帧和第90帧，为属性"坐标→P.X""坐标→P.Y""坐标→P.Z""坐标→R.H""坐标→R.P""坐标→R.B"设置关键帧动画。第0帧时"坐标→P.X"为-6.409cm，"坐标→P.Y"为-60.553cm，"坐标→P.Z"为-972.287cm，"坐标→R.H"为0.76°、"坐标→R.P"为3.35°、"坐标→R.B"为4°。第90帧时"坐标→P.X"为-9.588cm，"坐标→P.Y"为26.483cm，"坐标→P.Z"为-54.983cm，"坐标→R.H"为0.76°，"坐标→R.P"为3.35°，"坐标→R.B"为-3°。之后在"时间线窗口"中可以看到该属性的动画曲线，将动画曲线调节为如图3-41所示。

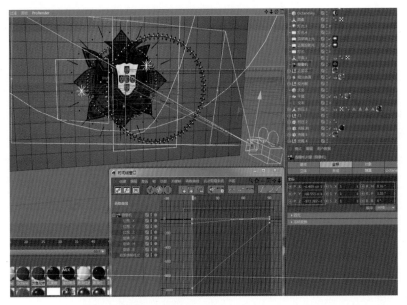

图3-41　摄像机动画关键帧　◀◀

3.3.3　徽章中心翻转动画

　　设置徽章中心翻转动画，当摄像机推进到离徽章很近的位置时，徽章中心的门旋转打开。

　　在对象浏览器中单击"门"，在属性面板中，分别在第55帧和第90帧，为属性"坐标→R.H"设置关键帧动画。第55帧时"坐标→R.H"为0°，第90帧时"坐标→R.H"为100°。之后在"时间线窗口"窗口可以看到该属性的动画曲线，将动画曲线调节为如图3-42所示。

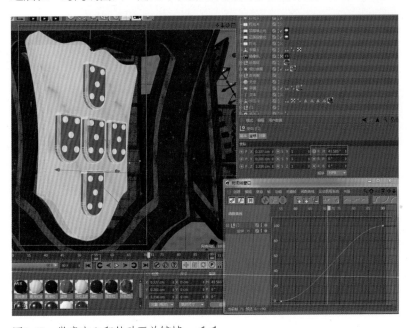

图3-42　徽章中心翻转动画关键帧　◀◀

3.4 序列帧渲染输出

3.4.1 Octane渲染设置

1. 设置"Octane Settings（Octane设置）"

在"Live Viewer 3.07-R1（实时预览3.07-R1）"中设置"Octane Settings（Octane设置）"的属性，设置"Kernels（内核）"使用"Pathtracing（光线追踪）"进行渲染。为了能够节省时间，快速渲染完成，使用较低的采样值来降低渲染质量。将"Kernels（内核）→Max.samples（最大采样）"设置为500。将"Kernels（内核）→Diffuse depth（漫射深度）"设置为8，将"Kernels（内核）→Specular depth（镜面深度）"设置为8，如图3-43所示。

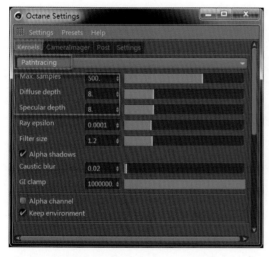

图3-43 设置"Kernels（内核）" ◀◀

2. 设置对象标签

在对象浏览器中为部分对象添加"Octane ObjectTag（Octane对象标签）"。如果在After Effects进行后期合成时需要给某些物体调色，则需要在渲染输出时为其添加"Octane ObjectTag（Octane对象标签）"。比如，设置"克隆"的Octane对象标签中的"Object Layer（对象层）→Layer ID（层ID）"为7，如图3-44所示。

Cinema 4D+After Effects视频包装高端案例精讲

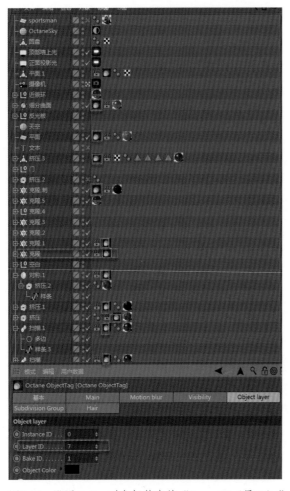

图3-44　设置Octane对象标签中的"Layer ID（层ID）"　◀◀

3. 设置Octane渲染器多通道渲染

01 在"渲染设置"中设置"渲染器"为"Octane Renderer"。设置"Octane Renderer"属性，将"Render Passes→File"设置为指定的路径，"Render Passes→Format"为"PNG"，勾选"Render Passes→Folders""Render Passes→Beauty passes→Reflection""Render Passes→Beauty passes→Diffuse""Render Passes→Beauty Passes→Shadows"。这样渲染时将输出反射、漫反射通道。设置"Render Passes→Tonemap type"为"Tonemapped"，以便于下面步骤中可以正常输出景深通道，如图3-45所示。

02 继续设置Octane渲染器多通道渲染。设置"Octane Renderer"属性，勾选"Render Passes→Lighting passes→Ambient light""Render Passes→Lighting passes→Light pass 1""Render Passes→Lighting passes→Light pass 2"和"Render Passes→Render layer mask→ID1"至"Render Passes→Render layer mask→ID12"以及"Info Passes→Z-depth""Info Passes→AO"。设置"Info Passes→Z-Depth max"为52.89373。这样渲染时将输出环境光、灯光1、灯光2、对象缓存1至12、景深、环境吸收等通道，如图3-46所示。

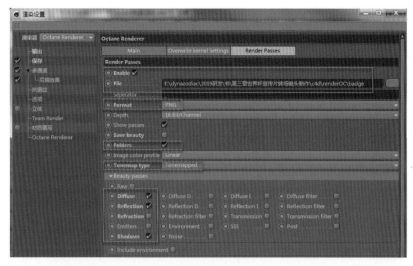

图3-45　设置Octane渲染器多通道渲染　◀◀

图3-46　继续设置Octane渲染器多通道渲染　◀◀

3.4.2 Cinema 4D渲染设置

01 在"渲染设置"窗口中设置"保存"属性。勾选属性"保存→常规图像→保存""保存→多通道图像→保存"。设置属性"保存→常规图像→文件"为指定路径，"保存→多通道图像→文件"为指定路径。设置属性"保存→常规图像→格式"和"保存→多通道图像→格式"均为"PNG"，如图3-47所示。

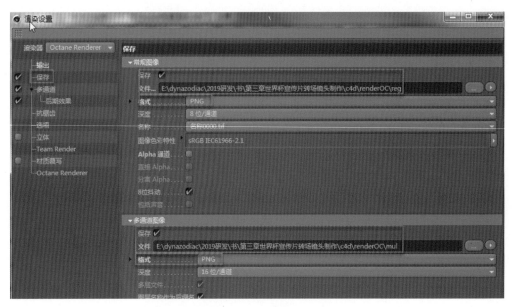

图3-47　设置Cinema 4D"渲染设置"中的"保存"属性　◀◀

02 在"渲染设置"窗口中设置"输出"属性。设置"输出→帧频"为25，"输出→帧范围"为"全部帧"，"输出→起点"为0F，"输出→终点"为90F，如图3-48所示。

图3-48　设置"输出"属性　◀◀

3.5 After Effects后期合成

3.5.1 素材叠加与转场效果

1. 导入素材与多通道素材叠加

01 导入"reg[0000-0090].png""mul_reflection_2_[0000-0090].png""mul_light pass 2_18_[0000-0090].png"序列帧素材。"reg[0000-0090].png"为常规图像序列帧，如图3-49所示。

图3-49　"reg[0000-0090].png"常规图像序列帧　◀◀

　　"mul_reflection_2_[0000-0090].png"为反射通道序列帧，如图3-50所示。

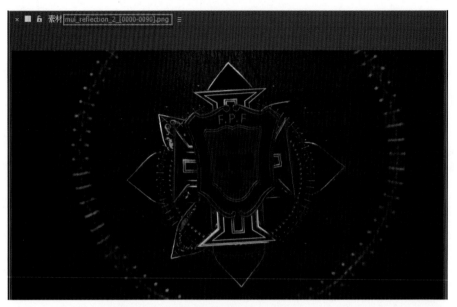

图3-50 "reg[0000-0090].png"反射通道序列帧 ◀◀

"mul_light pass 2_18_[0000-0090].png"为灯光通道序列帧,如图3-51所示。

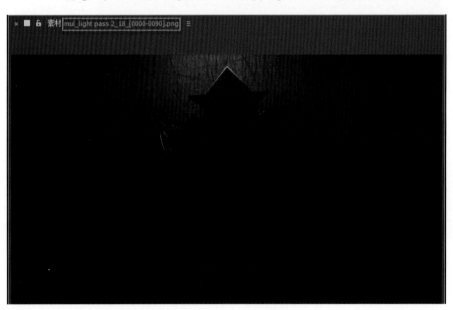

图3-51 "reg[0000-0090].png"灯光通道序列帧 ◀◀

02 创建名为"合成"的合成,将"reg[0000-0090].png"放置在合成中的最下层,也就是合成工作全部完成之后的第9层。在第8层再放置一层"reg[0000-0090].png",将混合模式设置为"屏幕",使整体画面变亮。然后在两层"reg[0000-0090].png"的上面放置"mul_reflection_2_[0000-0090].png"和"mul_light pass 2_18_[0000-0090].png"。它们在合成工作全部完成之后的层序号为4和3,如图3-52所示。

图3-52 素材叠加与整体调亮 ◀◀

2. 转场效果制作

01 创建"转场层"合成，导入"badge_RLMa_12_[0000-0090].png"渲染层遮罩序列。将该渲染层序列和上一步创建的"合成"放置在"转场层"合成中。"badge_RLMa_12_[0000-0090].png"渲染层遮罩如图3-53所示。

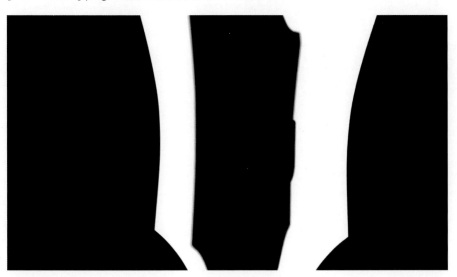

图3-53 "badge_RLMa_12_[0000-0090].png"渲染层遮罩 ◀◀

02 利用"badge_RLMa_12_[0000-0090].png"作为"合成"的亮度反转遮罩，使画面中徽章中心的门打开时，徽章中心镂空，出现透明区域，如图3-54所示。

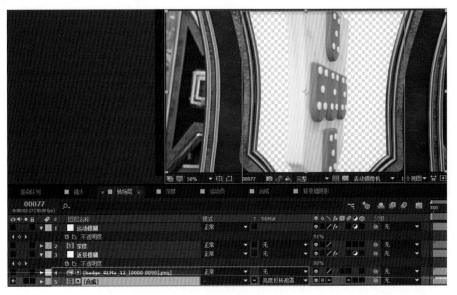

图3-54　徽章中心镂空　◀◀

03 创建"镜头"合成，导入"比赛视频"素材。将"转场层"合成和"比赛视频"放置到"镜头"合成中。"比赛视频"的画面能够显示在徽章中心的镂空区域，如图3-55所示。

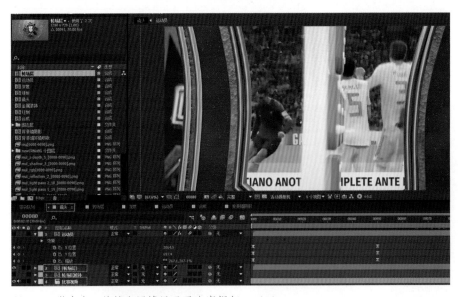

图3-55　徽章中心的镂空区域显示了比赛视频　◀◀

3.5.2　局部调色

01 创建"金属装饰"合成，为金属装饰部分单独调色做准备。创建"金属装饰"合成，导入"badge_RLMa_7_[0000-0090].png"和"reg[0000-0090].png"素材。将上述刚导入的素材放置在"金属装饰"合成中。使用"badge_RLMa_12_[0000-0090].png"作为

"reg[0000-0090].png"的亮度遮罩，如图3-56所示。

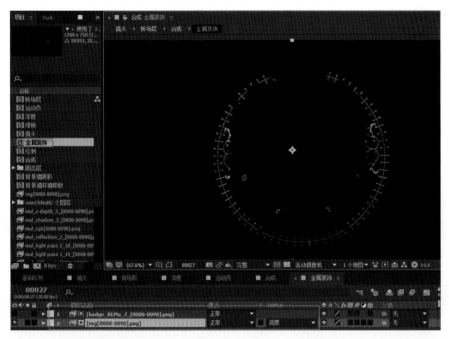

图3-56 创建"金属装饰"合成 ◀◀

02 为"金属装饰"合成调色。将"金属装饰"合成放入"合成"合成中，在"reg[0000-0090].png"之上。位置在合成工作全部完成之后的第6层。为"金属装饰"合成添加"曲线"和"色相\饱和度"效果。通过"曲线"把金属调亮，通过"色相\饱和度"将金属的饱和度降低，使它看上去不是特别黄，如图3-57所示。

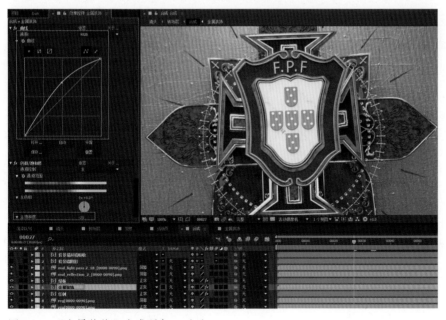

图3-57 "金属装饰"合成调色 ◀◀

3.5.3 人物元素动画

导入运动员素材，创建"运动员"合成。将"运动员"合成放在"镜头"合成中的最上层。为"运动员"合成层设置关键帧动画，在第0帧和第50帧分别设置该层的位置、缩放关键帧动画。使"运动员"合成层产生由画面中间区域向右下方移出画面的动势，在移动过程中该图层逐渐放大。接着为"运动员"合成层添加"摄像机镜头模糊"特效，在第10帧左右为"模糊半径"设置两个关键帧动画，在"运动员"合成层迅速向眼前移动时使该图层短时间由清晰变模糊。同时勾选该层的运动模糊开关和总的运动模糊开关，如图3-58所示。

图3-58　运动员素材动画　◀◀

3.5.4 景深模糊与运动模糊

1. 景深模糊

01 导入深度通道序列帧"mul_z-depth_5_[0000-0090].png"，用它创建"深度"合成，为"mul_z-depth_5_[0000-0090].png"添加"色阶"特效，使深度通道序列帧的对比度增强，黑白对比更强烈，如图3-59所示。

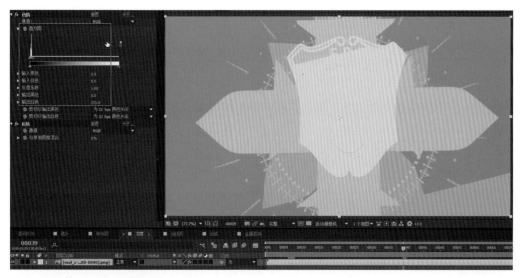

图3-59 深度通道增加对比度 ◀◀

02 在"转场层"合成中放入"深度"合成,将其设置为"不显示"。在"深度"合成层下面创建调节层"近景模糊"。在"近景模糊"层上添加"摄像机镜头模糊"特效,设置属性"模糊半径"为10,"模糊图→图层"为"2.深度"。在第65帧和第80帧为"近景模糊"层的"不透明度"分别设置关键帧。使徽章在冲向眼前时,迅速变为近景模糊效果,如图3-60所示。

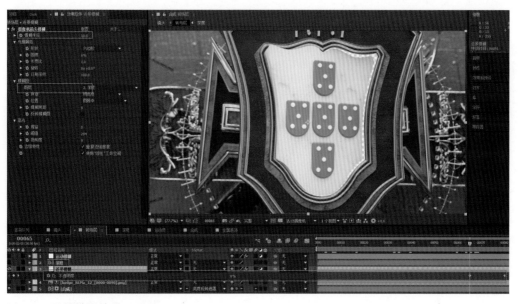

图3-60 近景模糊效果 ◀◀

2. 运动模糊

在"转场层"合成中创建调节层"运动模糊",放置在"转场层"中的最上层。为"运动模糊调节层"添加"RSMB"插件特效,该特效来自ReelSmartMotionBlur插件。需要安装第三方插件才能使用此特效。设置"RSMB"特效属性"Blur Amount"为1。该特效会为画面自动产生运动模糊效果,画面中运动快的部分会产生明显的运动模糊效果,如图3-61所示。

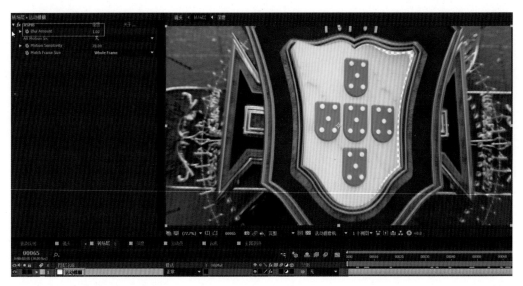

图3-61　运动模糊效果　◀◀

3.6　本章小结

　　本章主要讲解了用Cinema 4D完成徽章硬表面建模、用Cinema 4D完成三维运动图形动画与摄像机动画、用Octane渲染器插件完成徽章材质渲染和序列帧输出、用After Effects完成后期合成的完整制作流程等内容。

▶ **本章导读** ▮

本案例主要使用了Cinema 4D完成钢铁侠场景搭建，使用Octane渲染器插件完成布光、材质调节、渲染设置、渲染输出等，以及使用After Effects完成后期合成。因为工作量比较大，还有书籍篇幅的限制，案例中展示了制作的核心过程，完整的制作过程可参见随书下载的视频教程。用于渲染的Cinema 4D工程文件以及相应的资源文件，还有后期合成的After Effects工程文件和素材文件会在随书的下载中提供。

第 **4** 章

钢铁侠场景建模与
Octane渲染

▶ **学习要点** ▮

- Octane渲染器布光与渲染设置
- Octane渲染器材质调节
- Octane渲染器输出设置
- After Effects静帧合成

4.1 创作灵感与初衷

恰逢漫威电影的老英雄落幕、新篇章开启之际，笔者为了满足自己的怀旧之情，想创作一个作品。同时也想和同行、学友们共同分享一些学习心得和制作经验，所以将此章纳入此书。本案例的制作过程及渲染效果如图4-1所示。

图4-1　案例的制作过程及渲染效果　◀◀

本案例的后期合成效果如图4-2所示。

此作品的主要元素都是围绕钢铁侠设计的。作为一名理工科出身的从业者来说，对高科技的产品和场景形象总是着迷的，所以在模型和场景的搭建上，收集了很多相关的影视图片、手办图片作为参考，如图4-3所示。

机位的选取和画面的布局参考了当下非常火爆的电商海报风格和国内外的电商设计作品。由于电商行业的宣传图片或者视频中包含了大量的三维制作内容，所以此案例适合于三维从业人员学习，同时非常适合于想扩充自身三维技能的平面设计人员学习。

该作品使用Octane渲染器插件进行渲染，原因有很多，其中主要原因是使用它能够提高效率和增强效果。Octane渲染器插件以其快捷的设置和逼真的渲染效果著称，越来越多的三维视频制作人员选择使用Octane渲染器插件完成制作。此案例着重讲解了如何使用Octane渲染器插件渲染多种类型的材质效果，包括金属、有色金属、晶体、有色玻璃、自发光物体、布料等。

为了能够快速完成该案例的合成，使用AE进行合成。案例中对Cinema 4D渲染输出的多通道图片进行合成、调色、光效的处理，内容适合于同时使用三维软件和后期合成软件的制作人员学习。

图4-2　案例的后期合成效果 ◀◀

图4-3　资料收集与参考 ◀◀

4.2 摄像机取景与场景模型搭建

4.2.1 创建和设置摄像机

场景的布局参照在手机界面展示的电商风格，画面分辨率为1080×1920。执行菜单命令"Octane→Live Viewer Window（实时预览窗口）"，打开"Live Viewer 3.07-R1（实时预览3.07-R1）"窗口。执行菜单命令"Objects（对象）→Octane Camera（Octane摄像机）"，创建Octane摄像机，如图4-4所示。

这里需要一个镜头畸变比较小的视角，减小画面透视效果，所以需要增大摄像机的焦距。单击Octane摄像机"摄像机1"，在界面右下角属性面板中设置"对象→焦距"为90，如图4-5所示。

图4-4 创建Octane摄像机 ◀◀

图4-5 设置Octane摄像机焦距 ◀◀

4.2.2 场景模型搭建

以不同颜色来表示不同模型，浅绿色为宝石模型，浅蓝色为眼镜模型，这两个模型放在离摄像机最近的地方。浅紫色为聚能源模型，放在比眼镜稍远的位置。浅黄色为帽子模型，放在比聚能源稍远的位置，位于画面的右下方。浅灰色为操作台模型，位于画面中间偏下的位置。浅粉色为头盔模型，放置在操作台上面。浅橘色为机械手臂模型，放置在操作台的后方偏上的位置。上述都是前景模型，背景模型在离摄像机比较远的位置。灰蓝色的为背景墙模型，白色的为灯柱模型，如图4-6所示。

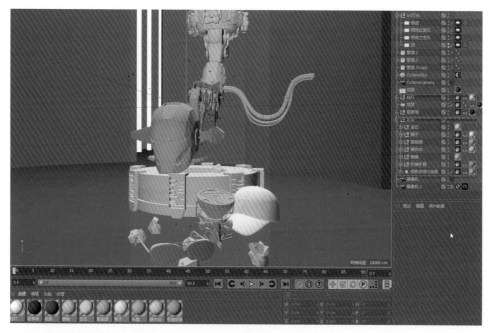

图4-6　场景模型搭建　◀◀

　　由于摄像机的焦距比较大，所以从摄像机视角看过去，感觉所有模型的距离比较近。为了能够看清模型之间的距离，可以从右视图视角观察场景，如图4-7所示。

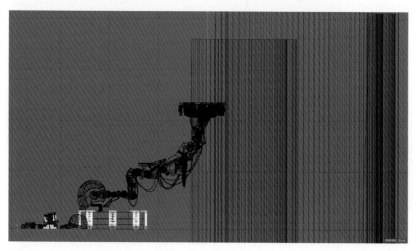

图4-7　从右视图观察场景　◀◀

4.3　Octane渲染器布光与渲染设置

　　一般来说，布光是材质和渲染流程的开始步骤，通过布光可以给场景一个总体的调性。首先确定明暗关系以及光源位置与方向，因为灯光照明效果可以影响画面的氛围与整体风格，同样的材质设置在不同的灯光效果下，表现出的材质效果是不一样的。由于渲染器通过算法来模拟自然界中光线反弹的效果，渲染设置也会极大地影响画面的明暗效果。

所以，先来对钢铁侠场景进行布光和渲染设置。希望得到一个整体比较明亮的效果，但是前景与背景有适当的明暗对比。模拟真实的操作台照明，主光源来自顶部。背景方向需要一个侧逆光源，照亮头盔上部和机械手臂的左侧部分轮廓。聚能源作为局部光源，会照亮它附近的物体，比如帽子、操作台、附近的地面、宝石等。

4.3.1 主光源布置与渲染设置

1. 布置主光源

01 执行Cinema 4D菜单命令"Octane→Live Viewer Window（实时预览窗口）"，如图4-8所示。

02 执行上述命令后，"Live Viewer 3.07-R1（实时预览3.07-R1）"窗口被打开，如图4-9所示。

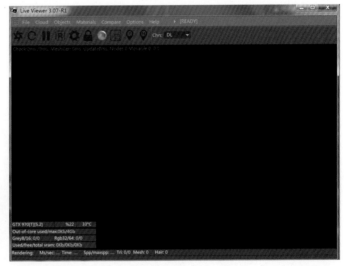

图4-8 执行"Live Viewer Window （实时预览窗口）"菜单命令 ◀◀

图4-9 "Live Viewer 3.07-R1"窗口 ◀◀

03 执行"Live Viewer 3.07-R1（实时预览3.07-R1）"窗口的菜单命令"Objects→Octane Arealight（对象→Octane面光源）"，创建Octane面光源，在对象浏览器中把新Octane面光源命名为"顶光"。在Cinema 4D视图窗口中将"顶光"放置于场景模型的上部，如图4-10所示。

04 在对象浏览器中点击选中Octane面光源"顶光"，点击属性面板中的"细节"标签，设置"水平尺寸"为55cm，"垂直尺寸"为110cm。因为Octane面光源的大小会影响照明的范围和亮度，所以这里对其尺寸做适当调整，如图4-11所示。

05 点击Octane面光源"顶光"的标签"Octane LightTag（Octane 灯光标签）"，在属性面板中鼠标左键框选"Light settings（灯光设置）"和"Visibility（可见性）"，设置参数如下：调整"Power（强度）"为30，"Temperature（温度）"为2954，点击去选"Shadow visibility（阴影可见性）"。使该灯光强度适中，色温偏暖，该灯光被其他灯光照射时不产生阴影，如图4-12所示。

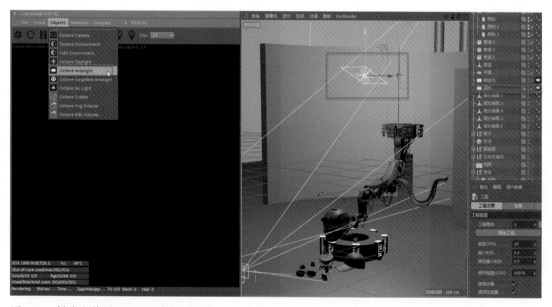

图4-10　创建和放置Octane面光源"顶光"　◀◀

图4-11　Octane面光源"顶光"的尺寸设置　◀◀

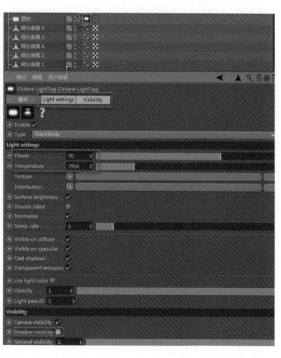

图4-12　"顶光"的"Octane LightTag（Octane灯光标签）"设置　◀◀

2. Octane测试渲染设置

01 单击"Live Viewer 3.07-R1（实时预览3.07-R1）"窗口中的"Settings（设置）"按钮（形状为一个齿轮），打开"Octane Settings（Octane设置）"窗口，如图4-13所示。

图4-13 打开"Octane Settings（Octane设置）"窗口 ◄◄

02 点击"Kernels（内核）"标签页，设置第一项属性为"Directlighting（直接照明）"，所有属性使用默认设置，如图4-14所示。

03 在"Octane Settings（Octane设置）"窗口中设置"Settings（设置）"标签页下面的"Env.（环境）"标签页属性。把"Env.color（环境颜色）"设置为黑色，如图4-15所示。

图4-14 设置"Kernels（内核）"标签页 图4-15 设置"Env.color"属性 ◄◄

属性 ◄◄

04 在"Live Viewer 3.07-R1（实时预览3.07-R1）"窗口中单击"Send your scene and Restart new render（发送场景和重新渲染）"按钮，进行渲染测试。受光面在物体的顶部，受光面颜色偏暖，背光面颜色为黑色。红框内为"Send your scene and Restart new render（发送场景和重新渲染）"按钮，如图4-16所示。

图4-16　顶光测试渲染效果 ◀◀

4.3.2　侧逆光源布置与渲染测试

01 执行"Live Viewer 3.07–R1（实时预览3.07–R1）"窗口的菜单命令"Objects→Octane Arealight"，创建Octane面光源。在对象浏览器中将其命名为"侧逆光"。在Cinema 4D视图窗口中将"侧逆光"放置于场景模型的左后上方，如图4–17所示。

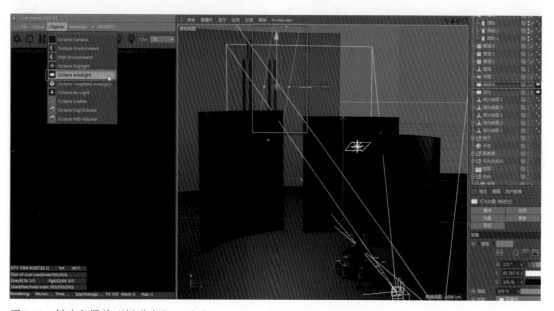

图4-17　创建和摆放"侧逆光" ◀◀

02 设置Octane面光源"侧逆光"的"常规"标签页中属性"颜色"为蓝色，H为215°，S为85.787%，V为100%。在"细节"标签页中设置"水平尺寸"为104cm，"垂直尺寸"为500cm，如图4-18所示。

03 点击"侧逆光"的标签"Octane LightTag（Octane灯光标签）"，在属性面板中鼠标左键框选"Light settings（灯光设置）"和"Visibility（可见性）"，设置参数"Power（强度）"为15，"Temperature（温度）"为8739.329，去选"Camera visibility（摄像机可见性）"，去选"Shadow visibility（阴影可见性）"。使灯光强度比顶光偏弱，色温偏冷。设置该灯光渲染不可见，被其他灯光照射时不产生阴影，如图4-19所示。

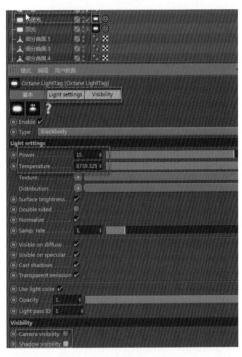

图4-18　Octane面光源"侧逆光"的属性设置　◀◀　　图4-19　"侧逆光"的标签"Octane LightTag（Octane灯光标签）"属性设置　◀◀

04 在"顶光"的"基本"属性中，去选"启用"，把顶光设置为不可用状态，场景中只有"侧逆光"产生光照，如图4-20所示。

05 在"Live Viewer 3.07-R1（实时预览3.07-R1）"窗口中单击"Send your scene and Restart new render（发送场景和重新渲染）"按钮，对侧逆光进行渲染测试。场景左上方由于侧逆光照明产生部分模型轮廓变亮效果，如图4-21所示。

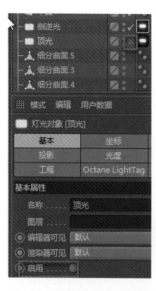

图4-20　设置顶光为不可用状态　◀◀　　　　图4-21　侧逆光照明效果渲染测试　◀◀

06 在"顶光"的"基本"属性中，勾选"启用"，启用"顶光"，在"Octane Settings
（Octane设置）"窗口中设置"Settings（设置）"标签页下面的"Env.（环境）"标签页属
性。将"Env.color（环境颜色）"设置为灰色，R、G、B数值均设置为153，如图4-22所示。

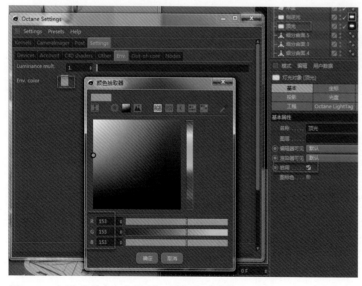

图4-22　启用"顶光"与设置环境颜色为灰色　◀◀

07 在"Live Viewer 3.07-R1（实时预览3.07-R1）"窗口中单击"Send your scene and

Restart new render（发送场景和重新渲染）"按钮，在背景为灰色的条件下，"Octane Settings（Octane设置）"的"Kernels（内核）"为"Directlighting（直接照明）"的条件下（前面步骤已经进行了设置），对"顶光"和"侧逆光"照明进行渲染测试。模型受光面由顶光和侧逆光共同照亮，背光面由于"Directlighting（直接照明）"的作用而变亮，如图4-23所示。

图4-23　顶光和侧逆光照明渲染测试效果 ◀◀

4.3.3　局部光源布置与渲染测试

1. 布置红色宝石光源

①　在"Live Viewer 3.07-R1（实时预览3.07-R1）"窗口中执行菜单命令"Objects→Octane Arealight（对象→Octane面光源）"，在对象浏览器中命名该面光源为"照明红色宝石光源"，把该面光源摆放到摄像机视角的左下方的红色宝石附近，如图4-24所示。

②　点击Octane面光源"照明红色宝石光源"，点击属性面板中的"细节"标签，设置"水平尺寸"为21.058cm，"垂直尺寸"为20cm。使该灯光的尺寸适合照射红宝石的范围，如图4-25所示。

03 点击"照明红色宝石光源"的标签"Octane LightTag（Octane灯光标签）"，在其属性面板中点击"Light settings（灯光设置）"，调整"Power"为5，"Temperature"为8766.773，去选"Double sided（双面照明）"，去选"Camera visibility（摄像机可见性）"，去选"Shadow visibility（阴影可见性）"。使该灯光产生较弱的照明，色温偏冷，模拟聚能源的蓝色光对红宝石产生影响。设置该灯光渲染不可见，其他光对它照明时不产生阴影，如图4-26所示。

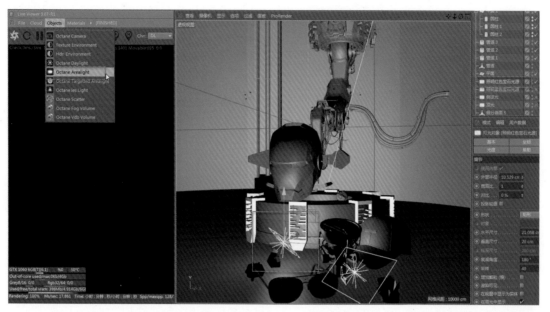

图4-24　创建和摆放"照明红色宝石光源"　◀◀

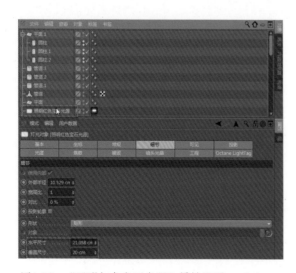

图4-25　"照明红色宝石光源"属性设置　◀◀

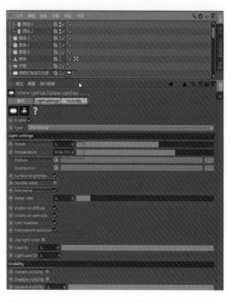

图4-26　"照明红色宝石光源"灯光标签
属性设置　◀◀

2. 布置蓝色宝石周边光源与渲染测试

01 在"Live Viewer 3.07-R1（实时预览3.07-R1）"窗口中执行菜单命令"Objects（对象）→Octane Arealight（Octane面光源）"，在对象浏览器中命名该面光源为"照明蓝色宝石光源"，把该面光源摆放到摄像机视角的右下方的蓝色宝石附近，如图4-27所示。

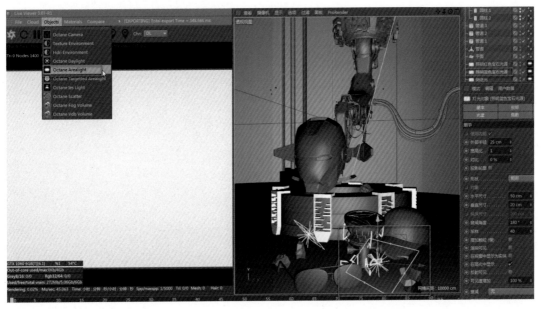

图4-27　创建和摆放"照明蓝色宝石光源"　◀◀

02 点击Octane面光源"照明蓝色宝石光源"，点击属性面板中的"细节"标签，设置"水平尺寸"为50cm，"垂直尺寸"为20cm，如图4-28所示。

03 点击"照明蓝色宝石光源"的标签"Octane LightTag（Octane灯光标签）"，在其属性面板中点击"Light settings（灯光设置）和Visibility（可见性）"，设置参数如下：调整"Power"为5，"Temperature"为8766.773，去选"Double sided（双面照明）"，去选"Camera visibility（摄像机可见性）"，去选"Shadow visibility（阴影可见性）"。使该灯光产生较弱的照明，色温偏冷，模拟聚能源的蓝色光对蓝宝石产生影响。设置该灯光渲染不可见，其他光对它照明时不产生阴影，如图4-29所示。

04 在"Live Viewer 3.07-R1（实时预览3.07-R1）"窗口中点击"Send your scene and Restart new render（发送场景和重新渲染）"，对"照明红色宝石光源"和"照明蓝色宝石光源"测试渲染，如图4-30所示。

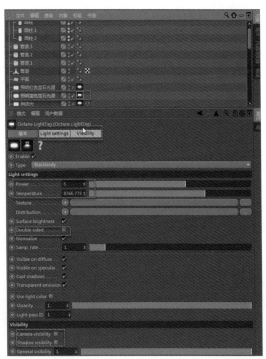

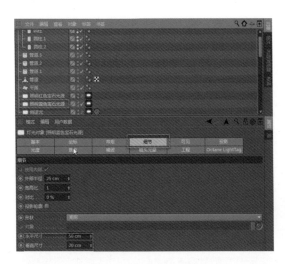

图4-28 "照明蓝色宝石光源"属性设置 ◀◀　　图4-29 "照明蓝色宝石光源"灯光标签属性

设置 ◀◀

图4-30 对"照明红色宝石光源"和"照明蓝色宝石光源"测试渲染 ◀◀

4.4 Octane渲染金属、晶体、自发光、布料材质

本案例中讲解了一些常见的材质效果的调节，比如在视频包装行业中经常用到的光亮金属材质、透明材质、自发光材质、布料材质、破旧金属材质等。

4.4.1 Octane环境设置与Octane金属材质调节

1. 设置Octane环境

01 在"Live Viewer 3.07-R1（实时预览3.07-R1）"窗口中执行菜单命令"Objects→Hdri Environment（对象→Hdri环境）"，在对象浏览器中生成"OctaneSky（Octane天空）"对象，点击该对象右侧的"Environment Tag（环境标签）"，在界面右下角出现"Environment Tag（环境标签）"属性，单击"Texture（贴图）"右侧的长按钮，如图4-31所示。

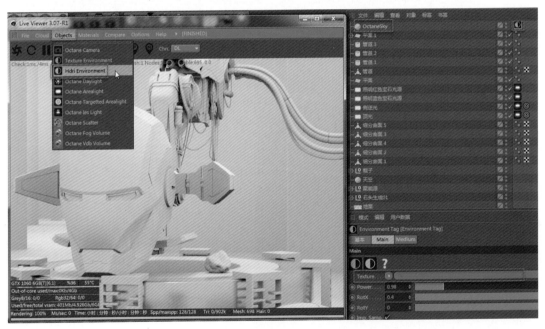

图4-31　创建"OctaneSky（Octane天空）"对象　◀◀

02 单击"Texture（贴图）"右侧的长按钮后，界面右下角属性面板变为"ImageTexture（贴图纹理）"。单击"File（文件）"最右侧的小按钮，加载一张HDR贴图。贴图在随书的下载中可以找到，如图4-32所示。

图4-32 为"Environment Tag（环境标签）"加载HDR贴图 ◀◀

2. 创建与调节银色金属材质球

01 在"Live Viewer 3.07-R1（实时预览3.07-R1）"窗口中执行菜单命令"Materials（材质）→Octane Glossy Material（Octane光泽材质）"，在界面左下角的材质面板中出现一个Octane材质球，双击材质球，打开"材质编辑器"窗口，将材质球缩略图下面的材质名称修改为"银色金属"。用鼠标左键拖动"银色金属"材质球到界面右上方的对象浏览器中的"管道"对象上，在"管道"对象右侧生成材质纹理标签，如图4-33所示。

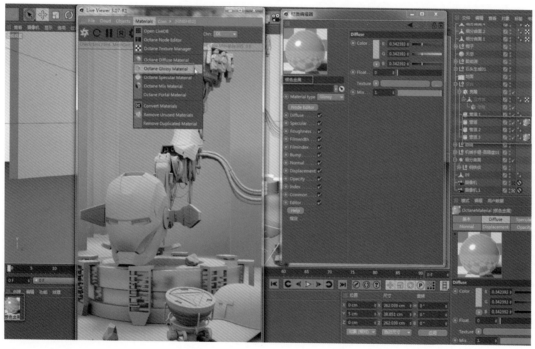

图4-33 创建"银色金属"Octane材质球 ◀◀

02 双击"银色金属"材质球，打开"材质编辑器"窗口，设置"Diffuse（漫反射通道）"属性，单击"Color"右侧色块，打开"颜色拾取器"。设置H为0°，S为0%，V为62%。设置金属颜色为浅灰色，如图4-34所示。

03 在"材质编辑器"窗口中设置"Specular（反射通道）"属性。设置"Float（浮点数）"为0.954683。设置金属有较强反射效果，如图4-35所示。

图4-34 设置"Diffuse（漫反射通道）"
属性 ◀◀

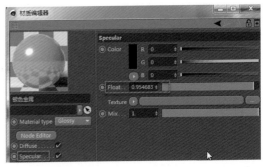

图4-35 设置"Specular（反射通道）"
属性 ◀◀

04 在"材质编辑器"窗口中设置"Index（菲涅尔反射通道）"属性。设置"Index（索引值）"为3.381232。设置金属的正面有较强的反射效果，如图4-36所示。

05 在"材质编辑器"窗口中设置"Roughness（粗糙度通道）"属性。设置"Float（浮点数）"为0.07。设置金属有明显的模糊反射效果，如图4-37所示。

图4-36 设置"Index（菲涅尔反射通道）"
属性 ◀◀

图4-37 设置"Roughness（粗糙度通道）"
属性 ◀◀

06 在"Live Viewer 3.07-R1（实时预览3.07-R1）"窗口中单击"Send your scene and Restart new render（发送场景和重新渲染）"按钮，对"银色金属"材质球测试渲染，如图4-38所示。

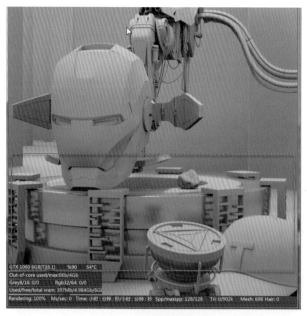

图4-38 对"银色金属"材质球测试渲染 ◀◀

3. 创建与调节钢铁侠头盔金色和红色金属材质球

01 在"Live Viewer 3.07-R1（实时预览3.07-R1）"窗口中执行菜单命令 "Materials→Octane Glossy Material（材质→Octane光泽材质）"，在界面左下角的材质面板中出现一个Octane材质球，双击材质球，打开"材质编辑器"窗口，将材质球缩略图下面的材质名称修改为"钢铁侠头盔金色"。用鼠标左键拖动"钢铁侠头盔金色"材质球到界面右上方的对象浏览器中的面具模型对象上，在模型右侧生成材质纹理标签，如图4-39所示。

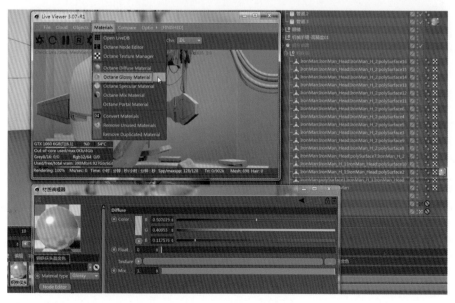

图4-39 创建"钢铁侠头盔金色"Octane材质球 ◀◀

02 单击"钢铁侠头盔金色"材质球，在界面右下角属性面板中设置"Diffuse（漫反射通道）""Specular（反射通道）""Roughness（粗糙度通道）""Index（菲涅尔反射通道）"等属性。设置"Diffuse（漫反射通道）"中的R为0.507079，G为0.40953，B为0.117576。设置"Specular（反射通道）"中的R为1，G为0.952184，B为0.633495。设置"Index（菲涅尔反射通道）"中的"Index"为4.510972。设置"Roughness（粗糙度通道）"中的"Float"为0.15。这样得到金色金属的材质效果为：颜色为土黄色，反射和高光颜色为米黄色，有较强反射效果，有明显的模糊反射效果，如图4-40所示。

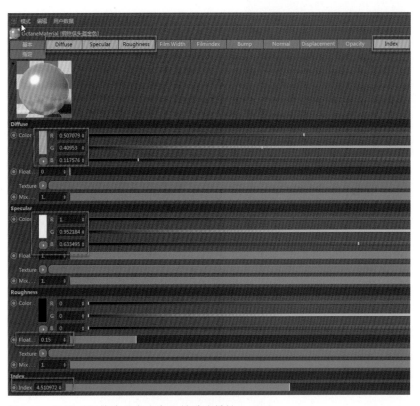

图4-40 设置"钢铁侠头盔金色"材质球属性 ◀◀

03 在"Live Viewer 3.07-R1（实时预览3.07-R1）"窗口中单击"Send your scene and Restart new render（发送场景和重新渲染）"按钮，对"钢铁侠头盔金色"材质球测试渲染。钢铁侠头盔金色部分明显反射了灯光、周边的场景模型和"OctaneSky（Octane天空）"对象的HDR贴图，如图4-41所示。

04 在"Live Viewer 3.07-R1（实时预览3.07-R1）"窗口中执行菜单命令"Materials→Octane Glossy Material（材质→Octane光泽材质）"，在界面左下角的材质面板中出现一个Octane材质球，双击材质球，打开"材质编辑器"窗口，将材质球缩略图下面的材质名称修改为"钢铁侠头盔红色"。用鼠标左键拖动"钢铁侠头盔红色"材质球到界面右上方的对象浏览器中的"钢铁侠"组上，在"钢铁侠"组右侧生成材质纹理标签，如图4-42所示。

05 单击"钢铁侠头盔红色"材质球，在界面右下角属性面板中设置"Diffuse（漫反射通道）""Specular（反射通道）""Index（菲涅尔反射通道）""Roughness（粗糙度通道）"等属性。设置"Diffuse（漫反射通道）"中的R为0.655931，G为0.005576，B为0.013317。"Specular（反射通道）"中属性为默认值，"Float（浮点值）"为1。设置"Index（菲涅尔反射通道）"中的"Index"为2.43695。设置"Roughness（粗糙度通道）"中的"Float"为0.090634。这样得到红色金属的材质效果为：颜色为红色，反射和高光颜色为灰白色，有较强反射效果，有明显的模糊反射效果，如图4-43所示。

06 在"Live Viewer 3.07-R1（实时预览3.07-R1）"窗口中单击"Send your scene and Restart new render（发送场景和重新渲染）"按钮，对"钢铁侠头盔红色"材质球测试渲染。钢铁侠头盔红色部分明显反射了灯光、周边的场景模型和"OctaneSky（Octane天空）"对象的HDR贴图，如图4-44所示。

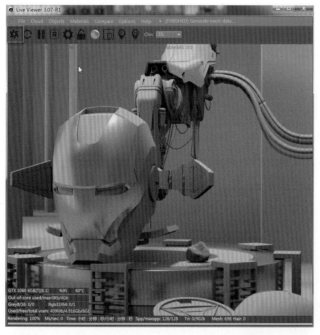

图4-41 "钢铁侠头盔金色"材质渲染测试 ◀◀

图4-42 创建"钢铁侠头盔红色"材质球 ◀◀

Cinema 4D+After Effects视频包装高端案例精讲

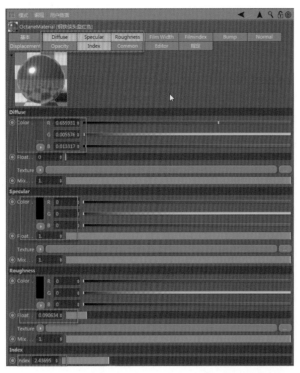

图4-43 设置"钢铁侠头盔红色"材质球属性 ◀◀

图4-44 "钢铁侠头盔红色"材质渲染测试 ◀◀

104 ···

Octane透明晶体与Octane自发光材质调节

1. 创建与调节晶体材质球

01 在"Live Viewer 3.07-R1（实时预览3.07-R1）"窗口中执行菜单命令"Materials（材质）→Octane Specular Material（Octane镜面材质）"，在界面左下角的材质面板中出现一个Octane材质球，双击材质球，打开"材质编辑器"窗口，将材质球缩略图下面的材质名称修改为"红宝石"。用鼠标左键拖动"红宝石"材质球到界面右上方的对象浏览器中的"红宝石"模型上，在"红宝石"右侧生成材质纹理标签，如图4-45所示。

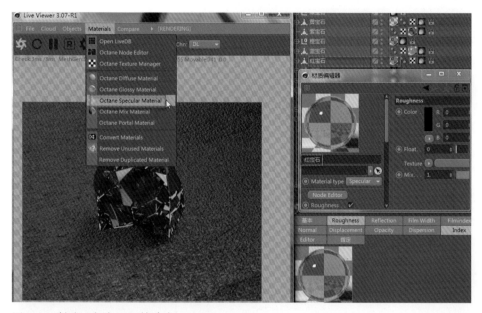

图4-45 创建"红宝石"材质球 ◀◀

02 单击"Live Viewer 3.07-R1（实时预览3.07-R1）"窗口中的"Settings（设置）"按钮。打开"Octane Settings（Octane设置）"窗口，设置"Directlighting（直接照明）"的"GI mode（全局光照模式）"为"GI_AMBIENT_OCCLUSION（全局光照环境闭塞）"。设置"Specular depth（镜面深度）"为15，如图4-46所示。

03 在界面左下角材质面板中单击"红宝石"材质球，在界面右下角属性面板中设置"Index（菲涅尔反射通道）"和"Medium（介质）"属性。设置"Index（菲涅尔反射通道）"中的"Index"为2。单击"Medium（介质）"中的"Absorption Medium（吸收介质）"按钮，生成"Absorption（吸收）"属性。设置"Shader（着色器）"标签中的"Density（密度）"属性为10。双击材质面板中的"红宝石"材质球，打开"材质编辑器"窗口，在"Medium（介质）"通道中单击"Absorption（吸收）"属性右侧的三角箭头按钮，选择"C4doctane"菜单命令，选择"RgbSpectrum（红绿蓝光谱）"菜单命令，设置"RgbSpectrum（红绿蓝光谱）"为红色。这样得到红宝石的材质效果为：粉红色透明晶体，有较强折射和反射效果，如图4-47所示。

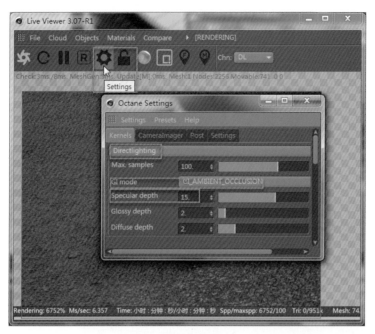

图4-46　设置"Octane Settings（Octane设置）"　◀◀

图4-47　设置"红宝石"材质球　◀◀

04 在"Live Viewer 3.07-R1（实时预览3.07-R1）"窗口中单击"Send your scene and Restart new render（发送场景和重新渲染）"按钮，对"红宝石"材质球测试渲染，如图4-48所示。

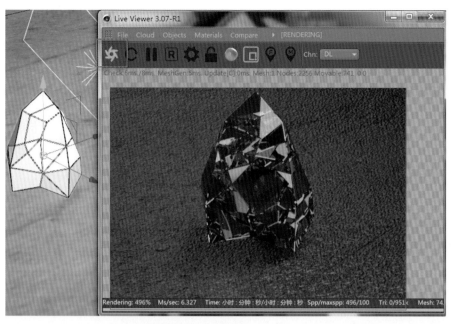

图4-48 对"红宝石"材质球测试渲染 ◀◀

2. 创建与调节聚能源材质效果

① 创建和调节蓝色透明玻璃材质。在"Live Viewer 3.07-R1(实时预览3.07-R1)"窗口中执行菜单命令"Materials(材质)→Octane Specular Material(Octane镜面材质)",在界面左下角的材质面板中出现一个Octane材质球,双击材质球,打开"材质编辑器"窗口,将材质球缩略图下面的材质名称修改为"聚能源玻璃"。用鼠标左键拖动"聚能源玻璃"材质球到界面右上方的对象浏览器中的"圆盘"模型上,在"圆盘"右侧生成材质纹理标签。在界面左下角材质面板中单击"聚能源玻璃"材质球,在界面右下角属性面板中设置"Roughness(粗糙度通道)""Index(菲涅尔反射通道)""Transmission(传输通道)"和"Medium(介质)"属性。设置"Roughness(粗糙度通道)"中的"Float(浮点值)"为0.718543。"Index(菲涅尔反射通道)"中的"Index"为1.265152。"Transmission(传输通道)"中的Color为蓝色,R为0,G为0.661876,B为1。单击"Medium(介质)"中的"Absorption Medium(吸收介质)"按钮,生成"Absorption(吸收)"属性。设置"Shader(着色器)"标签中的"Density(密度)"属性为0.1。双击材质面板中的"聚能源玻璃"材质球,打开"材质编辑器"窗口,在"Medium(介质)"通道单击"Absorption(吸收)"属性右侧的三角箭头按钮,选择"C4doctane"菜单命令,选择"RgbSpectrum(红绿蓝光谱)"菜单命令,设置"RgbSpectrum(红绿蓝光谱)"为蓝色。这样得到聚能源玻璃的材质效果为:淡蓝色透明玻璃,有较强折射和模糊效果。由于聚能源内部的其他模型的材质为默认灰色,所以渲染出的玻璃会显示为深灰色,如图4-49所示。

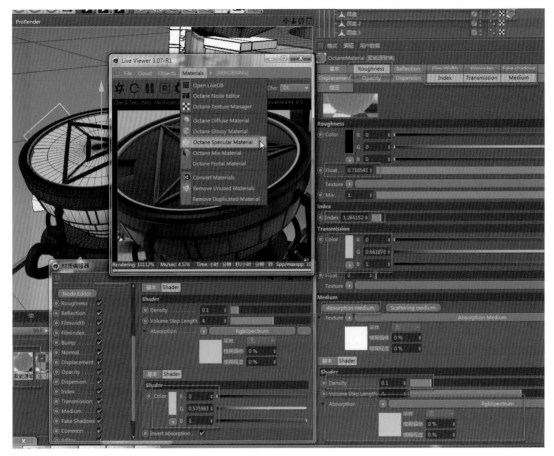

图4-49 "聚能源玻璃"材质创建与调节 ◀◀

⓿2 创建和调节蓝色自发光材质。在"Live Viewer 3.07-R1（实时预览3.07-R1）"窗口中点击执行菜单命令，"Materials（材质）→Octane Piffuse Material（Octane漫反射材质）"，在界面左下角的材质面板中出现一个Octane材质球，双击材质球，打开"材质编辑器"窗口，将材质球缩略图下面的材质名称修改为"聚能源芯发光"。用鼠标左键拖动"聚能源芯发光"材质球到界面右上方的对象浏览器中的"圆盘2"模型上，在"圆盘2"右侧生成材质纹理标签。在界面左下角材质面板中单击"聚能源芯发光"材质球，在界面右下角属性面板中设置"Diffuse（漫射通道）"和"Emission（发光）"属性。设置"Diffuse（漫射通道）"中的Color为蓝色，R为0，G为0.522522，B为1。单击"Emission（发光）"中的"Blackbody emission（黑体发光）"按钮，生成"Blackbody emission（黑体发光）"属性。单击"Shader（着色器）"标签中"Texture（贴图）"属性右侧的三角箭头按钮，选择"C4doctane"菜单命令，选择"RgbSpectrum（红绿蓝光谱）"菜单命令，设置"RgbSpectrum（红绿蓝光谱）"为蓝色，如图4-50所示。

⓿3 在"Live Viewer 3.07-R1（实时预览3.07-R1）"窗口中单击"Send your scene and Restart new render（发送场景和重新渲染）"按钮，对聚能源材质球测试渲染，如图4-51所示。

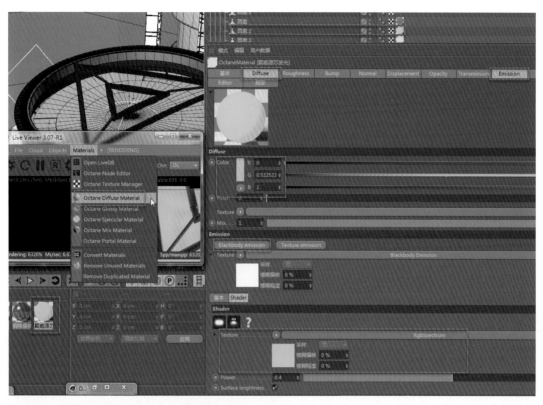

图4-50 "聚能源蓝色自发光"材质创建与调节 ◄◄

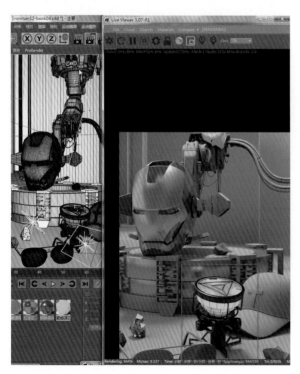

图4-51 对"聚能源"材质球测试渲染 ◄◄

4.4.3 Octane布料材质调节

1. 创建帽子布料材质和连接节点

01 创建帽子材质，添加节点控制。在"Live Viewer 3.07-R1（实时预览3.07-R1）"窗口中执行菜单命令"Materials（材质）→Octane Diffuse Material（Octane漫反射材质）"，在界面左下角的材质面板中出现一个Octane材质球，双击材质球，打开"材质编辑器"窗口，将材质球缩略图下面的材质名称修改为"帽子"。用鼠标左键拖动"帽子"材质球到界面右上方的对象浏览器中的"细分曲面2"模型上，在"细分曲面2"右侧生成材质纹理标签。

02 单击"材质编辑器"窗口中的按钮"Node Editor（节点编辑器）"，打开"Octane Node Editor（Octane节点编辑器）"窗口。从左侧节点列表中用鼠标左键拖动节点"ImageTexture（贴图纹理）""ColorCorrect（校色）""Transform（变换）""Texture Proj（贴图投射）"到"Node Editor（节点编辑器）"中，其中拖动两次"ImageTexture（贴图纹理）"，创建两个相同的"ImageTexture（贴图纹理）"节点。用鼠标左键将"ImageTexture（贴图纹理）"的输出端连接至"ColorCorrect（校色）"的输入端，再将"ColorCorrect（校色）"的输出端连接至"帽子"的"Diffuse（漫反射）"参数。将"Transform（变换）"的输出端连接至"ImageTexture（贴图纹理）"的"Transform（变换）"参数，再将"Texture Proj（贴图投射）"的输出端连接至"ImageTexture（贴图纹理）"的"Projection（投射）"参数。最后将"ImageTexture（贴图纹理）"的输出端连接至"帽子"的"Bump（凹凸）"参数，如图4-52所示。

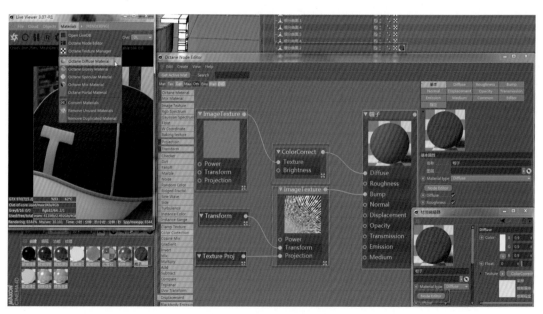

图4-52　"帽子"材质与节点连接 ◀◀

2. 调节节点属性

01 设置"帽子"材质的颜色相关节点属性。在"Octane Node Editor（Octane节点编辑器）"窗口中单击"帽子"的"Diffuse（漫反射）"通道连接的"ImageTexture（贴图纹理）"节点，在右侧"Shader（着色器）"标签下面的"File（文件）"属性中添加"k_CK2245.jpg"贴图，该贴图为灰蓝色布料贴图，如图4-53所示。

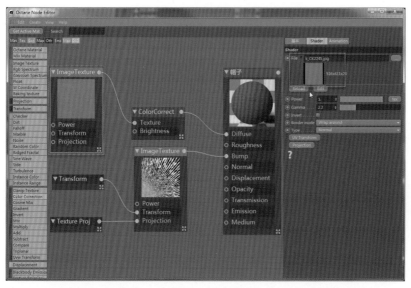

图4-53　帽子材质"Diffuse"通道连接的"ImageTexture"节点 ◀◀

帽子贴图为灰蓝色，为了让该贴图的颜色饱和度更高，颜色稍微偏向紫色，单击"ColorCorrect（校色）"节点，在右侧"Shader（着色器）"标签下面，设置"Hue（色相）"为0.25，"Saturation（饱和度）"为1.972603，"Gammra（灰度系数为1）"如图4-54所示。

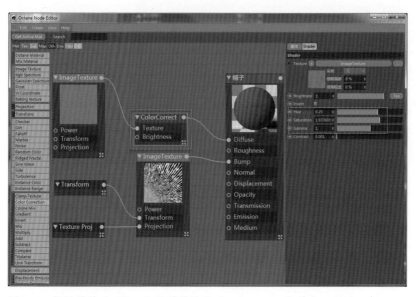

图4-54　帽子材质"Diffuse"通道连接的"ColorCorrect"节点 ◀◀

⓶ 设置"帽子"材质的凹凸相关节点属性。在"Octane Node Editor（Octane节点编辑器）"窗口中单击"帽子"的"Bump（凹凸）"通道连接的"ImageTexture（贴图纹理）"节点，在右侧"Shader（着色器）"标签下面的"File（文件）"属性中添加"FBRK_B15.jpg"贴图。该贴图为黑白贴图，用于生成凹凸条纹纹理，如图4-55所示。

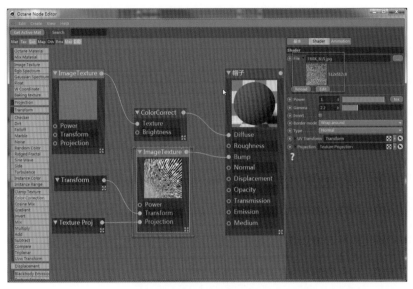

图4-55　帽子材质"Bump"通道连接的"ImageTexture"节点　◀◀

⓷ 为了让凹凸纹理显示的比例比较合适，在"Octane Node Editor（Octane节点编辑器）"窗口中单击"Transform（变换）"节点，在右侧"Shader（着色器）"标签下面设置S.X为0.2，S.Y为0.2，S.Z为0.13。其他属性为默认值，如图4-56所示。

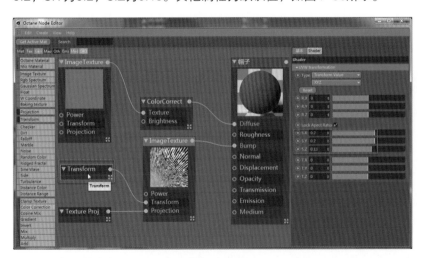

图4-56　帽子材质的"Transform"节点　◀◀

⓸ 在"Octane Node Editor（Octane节点编辑器）"窗口中单击"Texture Proj（贴图投射）"节点，在右侧"Shader（着色器）"标签下面设置"Texture Projection（贴图投射）"为Spherical（球形），S.X为0.1。其他属性为默认值，如图4-57所示。

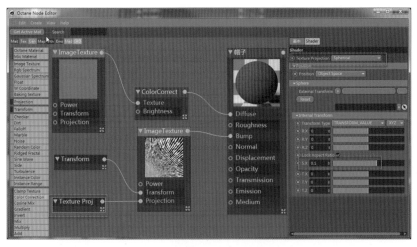

图4-57　帽子材质的"Texture Projection"节点　◀◀

3. 帽子布料材质渲染测试

在"Live Viewer 3.07-R1（实时预览3.07-R1）"窗口中单击"Send your scene and Restart new render（发送场景和重新渲染）"按钮，对帽子布料材质测试渲染，如图4-58所示。

图4-58　对帽子布料材质测试渲染　◀◀

4.4.4 景深模糊设置

在对象浏览器中单击"摄像机1"，在界面右下角属性面板的"对象"标签面板中设置"焦点对象"为钢铁侠头盔的面具模型，如图4-59所示。

图4-59　设置摄像机焦点对象　◀◀

在对象浏览器中单击"摄像机1"右侧的"Octane摄像机"标签，在"Thinlens（薄透镜）"标签面板中设置"Focal Depth（焦点深度）"为295.313，"Aperture（光圈）"为0.532，"Fstop（光圈值）"自动变为4.695122，如图4-60所示。

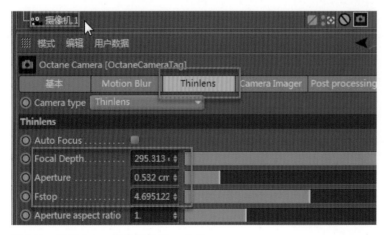

图4-60　设置Octane摄像机标签　◀◀

4.5 渲染输出

4.5.1 Octane渲染输出设置

1. Octane渲染模式设置和对象标签设置

01 在制作过程中一直使用Directlighting（直接照明）模式进行渲染测试，在输出之前，需要切换为更高的Octane渲染模式。单击"Live Viewer 3.07-R1（实时预览3.07-R1）"窗口中的Settings（设置）按钮，打开"Octane Settings（Octane设置）"窗口，单击"Kernels（内核）"下面的第一个属性，修改为"Pathtracing（光线追踪）"模式。设置"Max. samples（最大采样）"为3000，默认设置为16000。为了能够节省渲染时间，将最大采样参数降低，如果读者需要更好、更精致的效果，则可以将该参数设置得更高，如图4-61所示。

图4-61 光线追踪设置 ◀◀

02 在制作过程中，因为在后期合成过程中需要针对场景的不同物体进行调色，所以需要为每个需要进行调色的模型设置对象标签。这里只演示一个模型的对象标签设置，其他模型的对象标签设置是一样的。在对象浏览器中鼠标右键单击"钢铁侠细分"，弹出快捷菜单，将鼠标放置在"C4doctane标签"位置，弹出子菜单，单击"Octane ObjectTag（Octane对象标签）"，在"钢铁侠细分"右侧生成对象标签。有关对象标签在后期合成流程中的用法可参考下一节内容，如图4-62所示。

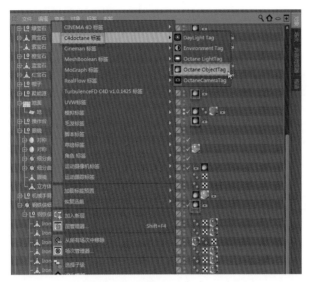

图4-62　生成对象标签　◀◀

03　单击"Octane ObjectTag（Octane对象标签）"，在界面右下角的属性面板中设置"Layer ID（层ID）"为1，如图4-63所示。

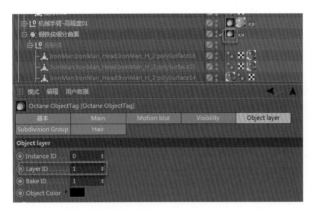

图4-63　设置对象标签　◀◀

2. Cinema 4D渲染设置中设置Octane Renderer

01　单击"编辑渲染设置"图标，打开"渲染设置"窗口。设置"渲染器"为"Octane Renderer（Octane渲染器）"。单击"渲染设置"窗口左侧列表中的"Octane Renderer（Octane渲染器）"，设置窗口右侧面板中的"Render Passes（渲染通道）"标签属性。在属性"File（文件）"中设置渲染输出的图片的存放位置和名称。设置"Format（格式）"为"PNG"。勾选"Beauty passes（Beauty通道）"中的部分输出通道，比如"Diffuse

（漫反射）""Diffuse Filter（漫反射过滤）""Reflection（反射）""Refraction（折射）""Reflection Filter（反射过滤）""Refraction Filter（折射过滤）""Emitters（发光）""Post（特效）""Shadows（阴影）"等，如图4-64所示。

图4-64　Octane渲染器设置（1）◀◀

02 继续设置Octane渲染器，勾选"Lighting passes（灯光通道）"中的部分通道。因为渲染输出使用了光线追踪设置，所以勾选"Ambient light（环境光）"。场景中布置了4个灯光，需要勾选"Light pass1（灯光通道1）"到"Light pass4（灯光通道4）"。在"Render layer mask（渲染层遮罩）"中勾选"ID1"到"ID18"。这里的"ID"与前面设置的对象标签是一一对应的。最后在"Info passes（信息通道）"中勾选"AO（环境吸收）"，如图4-65所示。

图4-65　Octane渲染器设置（2）◀◀

4.5.2 Cinema 4D渲染输出设置

1. 保存与输出

01 单击"编辑渲染设置"图标，打开"渲染设置"窗口。单击"保存"，在窗口右侧的"常规图像"下面勾选"保存"，设置"文件"为常规图像将要渲染输出的存放位置和名称，设置"格式"为"PNG"。在"多通道图像"下面勾选"保存"，设置"文件"为多通道图像将要渲染输出的存放位置和名称，设置"格式"为"PNG"，如图4-66所示。

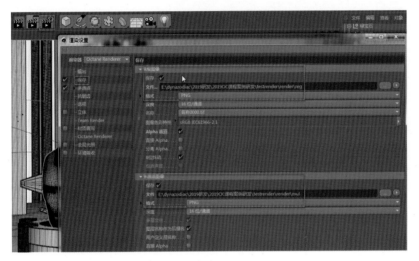

图4-66　Cinema 4D常规渲染设置　◀◀

02 在"渲染设置"窗口中单击"输出"，在窗口右侧设置"宽度"为1080，"高度"为1920，如图4-67所示。

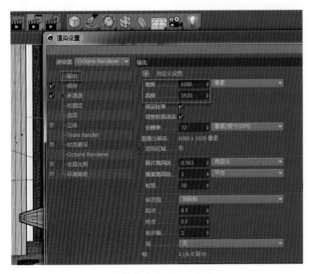

图4-67　Cinema 4D渲染输出设置　◀◀

2. 渲染输出到指定路径

单击"渲染到图片查看器"按钮，图片被渲染到指定路径，Octane对象标签中设置的ID对应的"渲染层遮罩序列帧"被渲染到了"RLMa_*"文件夹中。常规图像和其他多通道图像被渲染到了"render"文件夹中，如图4-68所示。

图4-68　渲染输出图片到指定路径 ◄◄

4.5.3 Cinema 4D补充渲染输出设置

1. 摄像机景深模糊设置与渲染器深度设置

首先把工程文件另存为一个新文件，来进行景深模糊设置和渲染设置。在对象浏览器中单击"摄像机1"，在右下角属性面板中单击"细节"，勾选"景深映射－前景模糊"，设置"终点"为117.694。勾选"景深映射－背景模糊"，设置"终点"为677.922。单击"编辑渲染设置"，打开"渲染设置"窗口，设置"渲染器"为"标准"。单击窗口左下方的"多通道渲染"按钮，在菜单中选择"深度"，在窗口左侧列表中的"多通道"选项中出现"深度"，如图4-69所示。

2. 渲染输出景深通道

单击"渲染到图片查看器"按钮，单独渲染景深通道。图片被渲染到指定路径，深度通道图片"mul_depth"被渲染到"render"文件夹中，如图4-70所示。

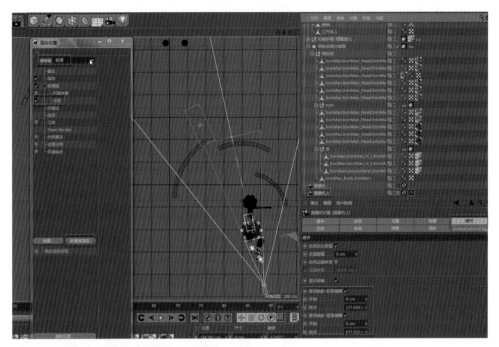

图4-69　摄像机景深和渲染深度通道设置　◀◀

图4-70　渲染深度通道图片到指定路径　◀◀

4.6 后期合成

本节在After Effects中讲解合成的基本套路和方法，包括素材叠加、景深模糊、调色、光晕特效等。

4.6.1 初步合成

1. 素材查看

查看需要导入的多通道图像包括常规、反射、折射、阴影、环境吸收等多通道图像。常规图像如图4-71所示。

　　反射图像如图4-72所示。

图4-71　常规图像　◀◀

图4-72　反射图像　◀◀

　　阴影图像如图4-73所示。

　　环境吸收图像如图4-74所示。

图4-73　阴影图像　◀◀

图4-74　环境吸收图像　◀◀

2. 素材导入和叠加

在After Effects中导入常规图像"regDepth.png"，用该图片创建合成"reg"。导入反射、折射、阴影、环境吸收通道图片。将这几个多通道图像放入"reg"合成，放置在常规图像"regDepth.png"的上层。反射层"mul_reflection_7.png"的混合模式为"屏幕"，折射层"mul_refraction_6.png"的混合模式为"屏幕"。阴影层"mul_shadow_11.png"的混合模式为"相乘"，环境吸收层"mul_ao_12.png"的混合模式为"相乘"，如图4-75所示。

图4-75　导入常规图像和多通道图像 ◀◀

4.6.2 景深模糊合成

1. 导入景深通道

因为渲染出的常规图像带有景深模糊效果，但是其他通道的图像没有景深模糊效果，所以"reg"合成中的其他图层需要添加景深模糊效果。导入深度层"mul_depth.png"，将其放入"reg"合成中，放置在第二层，将其"视频"属性关掉，设置为"不可显示"，如图4-76所示。

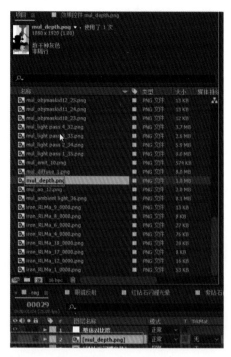

图4-76　导入景深通道 ◀◀

2. 添加摄像机镜头模糊特效

鼠标右键单击反射层"mul_reflection_7.png"，执行快捷菜单命令"模糊和锐化→摄像机镜头模糊"，如图4-77所示。

图4-77　添加摄像机镜头模糊特效 ◀◀

3. 设置摄像机镜头模糊特效

设置反射层"mul_reflection_7.png"的"摄像机镜头模糊"特效，设置"模糊图→图层"为"2.mul_depth.png"，设置"模糊半径"为3.0，如图4-78所示。

对于其他通道图层，比如折射、阴影、环境吸收等通道图层的景深模糊的制作方法与反射层的景深模糊制作方法一样，详情可参看随书的教学视频。合成景深模糊特效后的效果如图4-79所示。

图4-78 设置摄像机镜头模糊特效 ◀◀

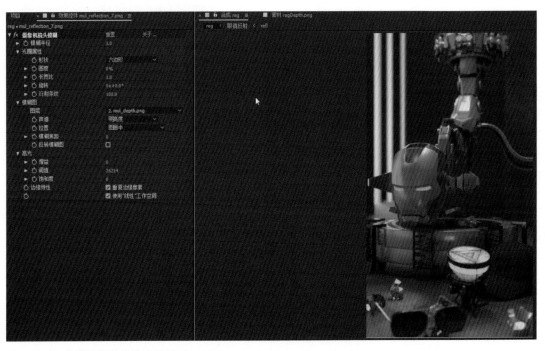

图4-79 合成景深模糊特效后的效果 ◀◀

4.6.3 利用"Render layer mask（渲染图层遮罩）"进行局部调色

1. 通过轨道遮罩只显示头盔红色部分

导入常规图像"regDepth.png"和渲染图层遮罩图像"iron_RLMa_1_0000.png"，创建"头盔红色"合成。将上述两个图像放入该合成，"iron_RLMa_1_0000.png"放置在"regDepth.png"的上层，设置"regDepth.png"图层的"TrkMat"属性为"亮度"。用"iron_RLMa_1_0000.png"层作为"regDepth.png"的亮度遮罩，使视图中只有头盔红色的部分显示，如图4-80所示。

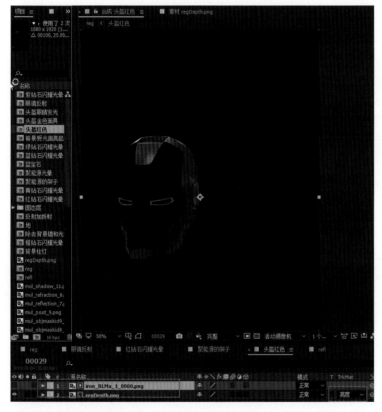

图4-80　通过轨道遮罩只显示头盔红色部分　◀◀

2. 头盔红色部分调色

将"头盔红色"合成放入"reg"合成中，位置在"regDepth.png"图层的上方。因为上一步骤中的"iron_RLMa_1_0000.png"没有景深模糊效果，所以在"reg"合成中的"头盔红色.png"图层中添加"摄像机镜头模糊"特效，使该层的部分区域边缘有景深模糊效果。在"头盔红色.png"图层中继续添加"曲线"特效，调节曲线使头盔的红色更鲜艳，如图4-81所示。

图4-81　头盔红色部分调色　◀◀

4.6.4　光晕特效制作

1.　通过轨道遮罩只显示红色钻石的反射和折射

　　创建"红钻石闪耀光晕"合成，利用"Render layer mask（渲染图层遮罩）"进行红色钻石局部遮罩。在"红钻石闪耀光晕"合成中放入反射层"mul_reflection_7.png"，混合模式为"屏幕"，放入折射层"mul_refraction_6.png"，混合模式为"屏幕"。导入渲染图层遮罩图像"iron_RLMa_13_0000.png"，放入合成两次。第一次将"iron_RLMa_13_0000.png"放置在"mul_reflection_7.png"的上层，第二次将"iron_RLMa_13_0000.png"放置在"mul_refraction_6.png"的上层。设置"mul_reflection_7.png"图层和"mul_refraction_6.png"图层的"TrkMat"属性为"亮度"。视图中只显示红色钻石部分的反射和折射，如图4-82所示。

2.　红色钻石Starglow（星光）特效

　　将"红钻石闪耀光晕"合成放入"reg"合成中，位置在第八层。在该图层中添加"Starglow（星光）"特效，设置"Preset（预设）"为"Red"，"Threshold（阈

值）"为130.0，"Streak Length（光线长度）"为25.0，"Boost Light（光线亮度）"为
10.0。"Colormap A（颜色映射A）"为红色倾向，如图4-83所示。

图4-82　通过遮罩只显示红色钻石部分的反射和折射　◀◀

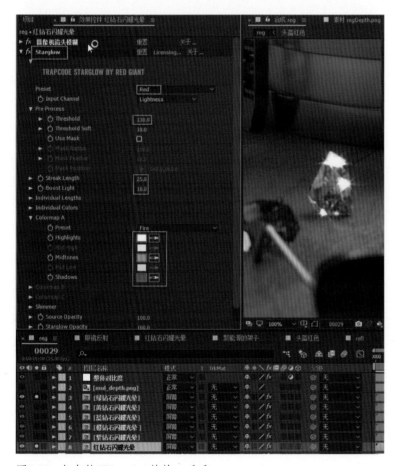

图4-83　红色钻石Starglow特效　◀◀

4.7 本章小结

　　本章讲解了钢铁侠场景搭建、Octane渲染器渲染与After Effects合成的技法和流程。在场景搭建的过程中主要讲解了在Cinema 4D中摆放模型和摄像机设置。在渲染技法中主要讲解了使用Octane渲染器插件进行布光、渲染设置、材质调节、渲染输出的方法。在合成技法中主要讲解了使用After Effects对Octane渲染器渲染输出的多通道图像进行合成的方法。本章内容贯穿了视频包装工作中常见的三维制作和后期合成的制作流程。

▶ **本章导读** ▌

本章主要讲解了实拍素材和三维制作的素材相结合的镜头案例。由于画面中有实拍的内容，所以需要进行摄像机跟踪，这样才能使三维制作的效果与拍摄素材在三维空间中相匹配，并且要求三维制作的画面有更强的真实感。案例中用Cinema 4D完成摄像机跟踪与场景重建、用Photoshop完成蝴蝶翅膀贴图制作、用Cinema 4D完成蝴蝶动画制作、用Octane渲染器插件完成蝴蝶材质渲染、用After Effects完成后期合成和粒子特效。案例中的Cinema 4D工程文件、AfterEffects工程文件和拍摄素材，在随书的下载中提供。

第 ● **5** ● 章

实拍结合三维镜头制作

▶ **学习要点** ▌

- 三维摄像机跟踪与场景重建
- 蝴蝶飞舞动画
- 蝴蝶翅膀UV展开与贴图绘制
- Octane渲染器渲染蝴蝶材质
- 后期合成、调色、粒子特效

5.1　三维摄像机跟踪与场景重建

　　实拍与三维制作相结合的风格的片子很常见，也是时下流行的影片风格。其中有一个非常重要的技术环节即摄像机跟踪和场景重建。本节着重讲解在Cinema 4D中进行摄像机跟踪与场景重建的过程。用Octane渲染器插件渲染的镜头效果如图5-1所示。

图5-1　Octane渲染器渲染的蝴蝶和实拍素材相结合的效果　◀◀

　　镜头的制作过程如图5-2所示。

图5-2　镜头的制作过程　◀◀

5.1.1 跟踪素材导入与设置

1. 创建运动跟踪

在Cinema 4D中执行菜单命令"运动跟踪→运动跟踪",在对象浏览器中出现"运动跟踪"对象。在属性面板中设置属性"影片素材→素材设置→影片素材"为预先在硬盘中保存好的序列帧图片。设置"重采样"为100%,使视图中的素材显示清晰,如图5-3所示。

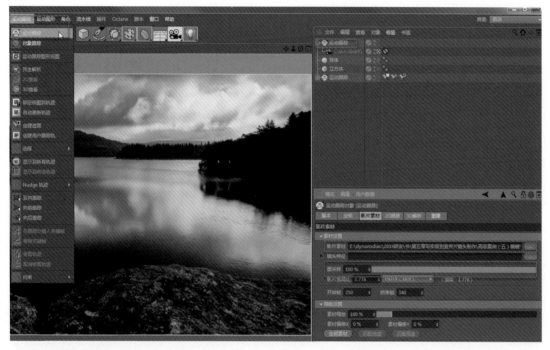

图5-3 创建运动跟踪 ◀◀

2. 纠正镜头畸变

因为拍摄的素材可能带有镜头畸变,所以需要先纠正镜头畸变。如果不纠正镜头畸变的话,那么在完成镜头跟踪与场景重建后,在场景中创建立方体和球体,立方体与球体会有明显的变形效果,如图5-4所示。

图5-4 镜头畸变导致完成镜头跟踪后的三维物体形变 ◀◀

① 生成纠正镜头畸变的镜头特征文件。执行菜单命令"工具→镜头失真",在属性面板中设置属性"镜头失真→解析模式"为"自动","镜头失真模式"为"3DE Standard Classic","四次方"为-4%,"Y曲率"为-7%。在视图中可以看到运动跟踪的素材产生了形变,如图5-5所示。

图5-5 纠正镜头畸变 ◀◀

② 单击"保存镜头特征"按钮,弹出对话框,设置镜头特征文件名,进行保存。镜头特征文件的后缀为lns,如图5-6所示。

图5-6 保存镜头特征文件 ◀◀

03 利用镜头特征文件纠正镜头畸变。单击"运动跟踪"对象属性"镜头特征"右侧的按钮，打开对话框，选择上一步保存的镜头特征文件。使用"test02.lns"文件纠正"运动跟踪"对象的镜头畸变，如图5-7所示。

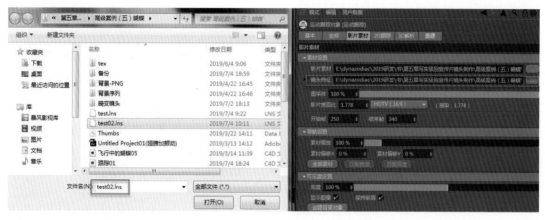

图5-7 纠正镜头畸变 ◀◀

5.1.2 2D跟踪

1. 跟踪点设置

设置"运动跟踪"对象属性"2D跟踪→自动跟踪→跟踪轨数量"为5000，"2D跟踪→自动跟踪→最小间距"为15。当跟踪时，会获得更多的并且相对集中的跟踪点，如图5-8所示。

设置"运动跟踪"对象属性"2D跟踪→选项→默认图案尺寸"为45，"2D跟踪→选项→默认搜索尺寸"为70。设定合适的搜索特征尺寸和搜索区域的大小，以便于在镜头跟踪时得到更准确的跟踪结果，如图5-9所示。

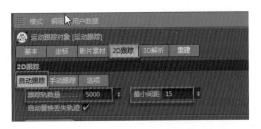

图5-8　跟踪点数量和间距设置　◀◀

图5-9　跟踪点搜索设置　◀◀

2．自动跟踪

将时间线设置在第300帧，单击"运动跟踪"对象属性中的"2D跟踪→自动跟踪"按钮，经过解算过程，得到很多跟踪点，如图5-10所示。

图5-10　自动跟踪　◀◀

5.1.3　过滤跟踪点

观察运动跟踪图表结果，删除部分错误跟踪点，达到对跟踪点过滤的目的，使后面重建场景时得到更准确的结果。执行菜单命令"运动跟踪→运动跟踪图形视图"，打开"运动跟踪图像查看"窗口，单击"图形模式"按钮。勾选"运动跟踪"对象属性"2D跟踪→自动跟踪→过滤跟踪轨→错误阈值"。在"运动跟踪图像查看"窗口中会出现一条红线，将红线向下拖动，可以删除部分错误的跟踪点，如图5-11所示。

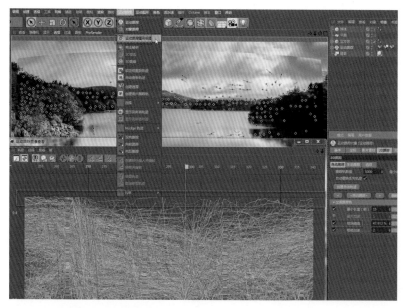

图5-11　删除部分错误的跟踪点 ◀◀

5.1.4　重建场景

1. 运行3D解析

01 单击"运动跟踪"对象属性中的"3D解析→重建→运行3D解析器"按钮，完成3D解析。在视图中得到很多3D特征点，如图5-12所示。

图5-12　运行3D解析器 ◀◀

⓶ 设置3D特征点显示模式。设置"运动跟踪"对象属性"3D解析→显示→3D特征显示"为"点"，使视图画面观察起来更干净简洁，如图5-13所示。

图5-13 设置3D特征点显示模式 ◀◀

2. 重建三维场景

⓵ 创建"平面约束"，以便于下面将蝴蝶模型放置在该平面上。在对象浏览器中鼠标右键单击"运动跟踪"对象，执行快捷菜单命令"运动跟踪标签→平面约束"，创建"平面约束"标签。将视图中的三角形上的3个点，分别拖动到石头上的3个跟踪点的位置，如图5-14所示。

图5-14 创建"平面约束"标签 ◀◀

02 创建"位置约束",确定世界坐标原点的位置。在对象浏览器中鼠标右键单击"运动跟踪"对象,执行快捷菜单命令"运动跟踪标签→位置约束",创建"位置约束"标签。将视图中的黄点拖动到三角形的一个顶点上,如图5-15所示。

图5-15 创建"位置约束"标签 ◀◀

03 创建"矢量约束",确定Z轴的方向。在对象浏览器中鼠标右键单击"运动跟踪"对象,执行快捷菜单命令"运动跟踪标签→矢量约束",创建"矢量约束"标签。将视图中的线段的两个点分别拖动到三角形左侧的两个顶点上。用此线段来表示Z轴的朝向,如图5-16所示。

图5-16 创建"矢量约束"标签 ◀◀

04 创建背景对象,使视图中整个画面显示为实拍素材。单击"运动跟踪"对象属性中的"影片素材→创建背景对象"按钮,在对象浏览器中出现"背景"对象,如图5-17所示。

图5-17　创建背景对象　◀◀

3. 创建三维模型测试跟踪结果

在Cinema 4D中创建一个立方体和一个球体,新创建的模型会出现在重建完的三维场景的原点位置。模型有轻微的近大远小效果,如图5-18所示。

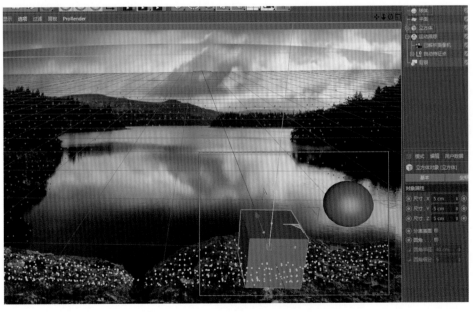

图5-18　创建简单三维模型测试跟踪结果　◀◀

将蝴蝶模型导入完成了摄像机跟踪的Cinema 4D文件，将其放置到立方体的子级别，将蝴蝶对齐到父级。微调蝴蝶模型的位置，如图5-19所示。

图5-19　将蝴蝶模型导入完成了摄像机跟踪的Cinema 4D文件 ◀◀

5.2 蝴蝶飞舞动画

本章讲解了蝴蝶飞舞动画。画面中有一只蝴蝶从左边飞过,有明显的路径动画和扇动翅膀动画。另一只蝴蝶停在画面右边的石头上,有轻微扇动翅膀动画。本节主要讲解左侧蝴蝶的飞舞动画。其他部分的动画步骤可参看配套视频教学录像。

5.2.1 左侧蝴蝶路径动画

1. 左侧蝴蝶沿样条线生成对齐曲线对象

用"画笔"工具在正视图中绘制样条线，命名为"样条1"，在对象浏览器中为"蝴蝶1"组添加"对齐曲线"标签。设置"对齐曲线"标签属性"标签→曲线路径"为"样条1"，如图5-20所示。

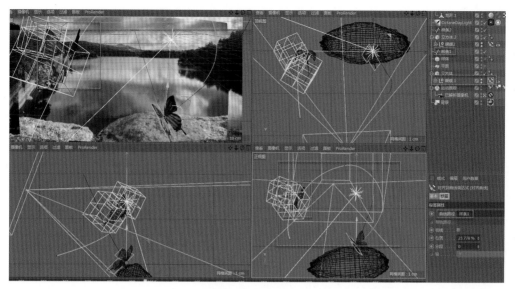

图5-20　生成对齐曲线对象 ◀◀

2. 左侧蝴蝶路径动画和动画曲线

　　通过路径动画使蝴蝶沿样条线向前移动。设置"对齐曲线"标签属性"标签→位置"的关键帧动画。分别在第250、270、283、295帧设置关键帧，在"时间线窗口"窗口中调整动画曲线。使第250帧到第270帧的动画曲线的斜率比较大，也就是曲线比较倾斜，蝴蝶沿样条线的运动速度较快。使第270帧到第283帧的动画曲线的斜率比较小，也就是曲线比较平缓，蝴蝶沿样条线的运动速度较慢。使第283帧到第295帧的动画曲线的斜率比较大，也就是曲线比较倾斜，蝴蝶沿样条线的运动速度较快。这样蝴蝶在沿路径移动时，一开始快，中间移动慢，然后加速移动，如图5-21所示。

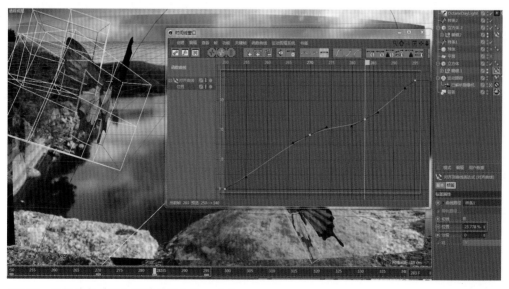

图5-21　设置路径动画和调节动画曲线 ◀◀

5.2.2 左侧蝴蝶扇动翅膀动画

1. 上面翅膀转动动画

在对象浏览器中选中"上面翅膀"对象，在属性面板中设置属性"坐标→R.H（H轴旋转）"的关键帧动画，从第250帧开始，平均间隔5帧，设置往复转动的关键帧。翅膀往复转动的节奏开始时较快，第270帧到第283帧时往复转动减慢，从而配合上一步骤中蝴蝶在此时间段路径动画减慢的效果。在283帧之后往复转动变快。其动画曲线如图5-22所示。

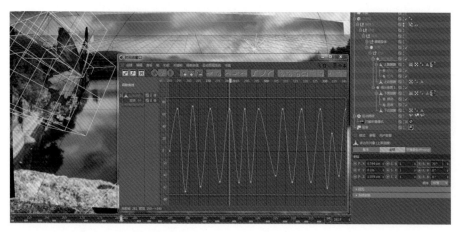

图5-22　上面翅膀转动动画　◀◀

2. 上面翅膀扭曲动画

在对象浏览器中将"扭曲"变形器放入"上面翅膀"的子级别。为"扭曲"变形器属性"对象→强度"设置关键帧动画。因为翅膀的扭曲变化会比翅膀发力时间晚一点，所以扭曲动画的关键帧所对应的时间点统一比上一步骤的转动动画所对应的时间点向后延迟两帧，如图5-23所示。

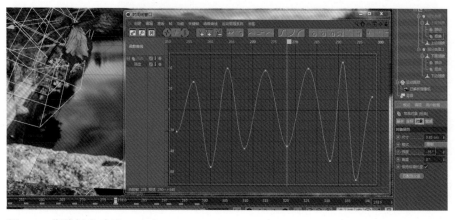

图5-23　翅膀扭曲动画　◀◀

3. 上面翅膀颤动动画

翅膀在扇动时需要产生颤动效果，翅膀根部不颤动，翅膀尖端有明显颤动。在对象浏览器中将"颤动"变形器放入"上面翅膀"的子级别。为"上面翅膀"添加"顶点贴图"标签。顶点贴图绘制为翅膀根部黄色，翅膀尖端淡粉色。设置"颤动"变形器属性"对象→映射"为"顶点贴图"，"对象→强度"为31%，"对象→硬度"为100%，如图5-24所示。

图5-24　翅膀添加颤动动画　◀◀

5.2.3　左侧蝴蝶浮动动画

蝴蝶在扇动翅膀时会上下浮动，为"高低"对象的属性"P.Y"和"P.Z"设置关键帧，使蝴蝶有上下浮动的效果。浮动的关键帧所对应的时间点比翅膀转动的关键帧所对应的时间点整体向后移动2帧，模拟翅膀向下发力后导致蝴蝶身体升起的效果和翅膀向上收起后导致身体下降的效果，如图5-25所示。

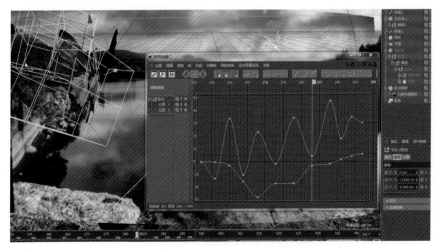

图5-25　蝴蝶上下浮动动画　◀◀

5.3 蝴蝶翅膀UV展开与贴图绘制

5.3.1 翅膀生成UV和生成UV纹理贴图

1. 生成UV

在Cinema 4D界面右上角设置"界面"为"BP-UV Edit（BP-UV编辑）"模式。在对象浏览器中单击选中"上面翅膀"，单击界面上部"UV多边形"和"框选"工具，在界面右上部框选"上面翅膀"的UV。在透视视图中把摄像机正面对准"上面翅膀"，在界面右下部单击"贴图→投射→前沿"，生成蝴蝶翅膀的UV，如图5-26所示。

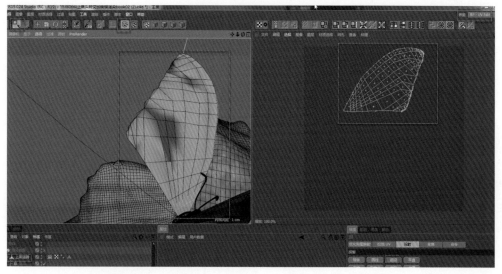

图5-26　生成"上面翅膀"UV　◀◀

2. 创建纹理

在UV编辑窗口中单击菜单命令"文件→新建纹理"，打开"新建纹理"对话框，设置"宽度"和"高度"均为2048，单击"确定"按钮，如图5-27所示。

图5-27　新建纹理　◀◀

3. 生成UV网格

01 在界面右下角面板中单击"图层→创建UV网格层"，在UV编辑窗口中出现沿着UV的白色描边，在"图层"中出现"UV网格层"。单击菜单命令"文件→另存纹理为"，如图5-28所示，弹出保存窗口。

02 将纹理保存为PSD文件，如图5-29所示。

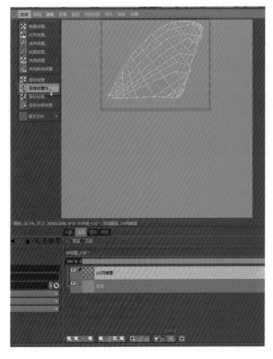

图5-28　生成UV网格层　◀◀

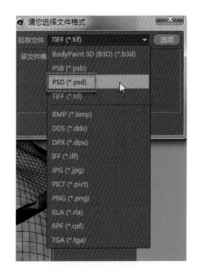

图5-29　保存纹理为PSD文件　◀◀

03 将上面翅膀和下面翅膀的UV贴图纹理在Photoshop中合并在一起，如图5-30所示。

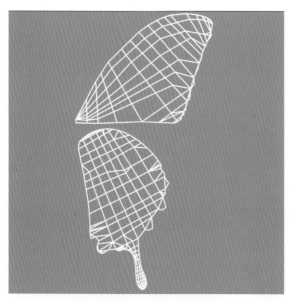

图5-30　合并上面翅膀和下面翅膀的UV贴图纹理 ◀◀

5.3.2 蝴蝶翅膀贴图绘制

1. 载入素材

首先在Photoshop中导入蝴蝶素材，置入"UV网格层"下面，大致对齐位置，如图5-31所示。

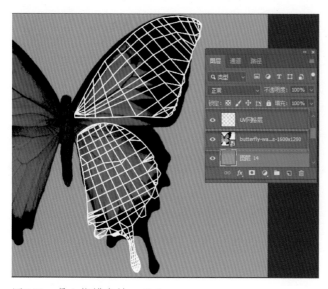

图5-31　导入蝴蝶素材 ◀◀

2. 滤镜提取翅膀纹理

01 执行菜单命令"滤镜→滤镜库",打开滤镜库窗口,如图5-32所示。

02 在滤镜库窗口中单击效果"素描→图章",在右侧设置参数"明/暗平衡(B)"为3,"平滑度(S)"为3。"明/暗平衡(B)"数值越大黑色区域越多,数值越小白色区域越多,如图5-33所示。

图5-32 打开滤镜库 图5-33 设置图章效果 ◄◄
窗口 ◄◄

3. 套索工具提取翅膀纹理

用直线套索工具 分别把蝴蝶右边的两片翅膀图形提取出来,如图5-34所示。

图5-34 提取蝴蝶翅膀 ◄◄

4．变形翅膀纹理

01 调整下面翅膀的形状，与UV网格层对齐。使用"Ctrl+T"快捷键切换到自由变换工具，在属性栏中选中 ▣ 按钮，切换到变形模式，调整下面翅膀的形状，如图5-35所示。

02 调整上面翅膀的形状，方法与调整下面翅膀的方法相同，如图5-36所示。

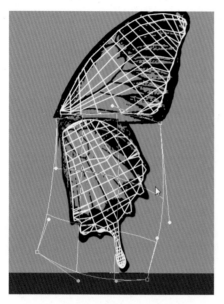

图5-35　调整下面翅膀形状 ◀◀

图5-36　调整上面翅膀形状 ◀◀

5．修改翅膀纹理

使用画笔工具 ✐ ，画笔选择硬度为100%，将翅膀里的一部分涂黑。利用橡皮擦工具 ✐ ，画笔选择硬度为100%，将翅膀里的一部分擦除，如图5-37所示。

图5-37　修改翅膀纹理 ◀◀

6. 增加翅膀细节

① 导入蝴蝶素材，用钢笔尖工具 选中蝴蝶上的局部纹理，转换为选区，如图5-38所示。

② 使用"Ctrl+J"快捷键复制上一步选中的选区为图层。用"色阶"提亮复制的新图层，在"色阶"对话框中设置"输入色阶"参数，如图5-39所示。

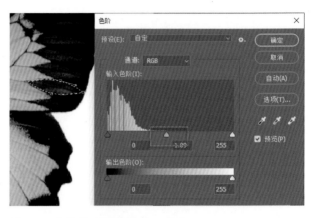

图5-38　选中蝴蝶上的局部纹理 ◀◀　　　　图5-39　色阶提亮蝴蝶纹理 ◀◀

③ 复制多层蝴蝶细节纹理，将它们摆放到UV网格层的范围之内，如图5-40所示。

图5-40　复制摆放蝴蝶细节纹理 ◀◀

7. 合成蝴蝶翅膀底色

① 在背景层之上导入蓝色水墨素材，如图5-41所示。

② 将蓝色水墨素材层的图层混合模式设置为"正片叠底"，如图5-42所示。

图5-41　导入蓝色水墨素材　◀◀

图5-42　设置蓝色水墨素材
层的图层混合模式　◀◀

③ 在蓝色水墨素材层之上导入黑色水墨素材，如图5-43所示。

④ 将黑色水墨素材层的图层混合模式设置为"柔光"，如图5-44所示。

图5-43　导入黑色水墨素材　◀◀

图5-44　设置黑色水墨素材
层的图层混合模式　◀◀

⑤ 在黑色水墨素材层之上导入红色水墨素材，如图5-45所示。

⑥ 将红色水墨素材层的图层混合模式设置为"线性加深"，如图5-46所示。

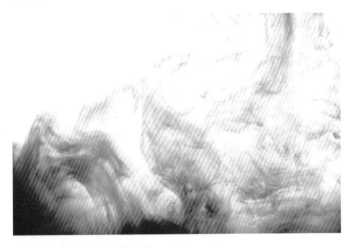

图5-45　导入红色水墨素材　◀◀

图5-46　设置红色水墨素材
层的图层混合模式　◀◀

07 在红色水墨素材层之上再次导入红色水墨素材。将第二次导入的红色水墨素材层的图层混合模式设置为"强光"，如图5-47所示。

08 蝴蝶翅膀和水墨素材混合的最终结果如图5-48所示。

图5-47　第二次导入的红色水墨
素材层的图层混合模式　◀◀

图5-48　蝴蝶翅膀和水墨素材混合的最终结果　◀◀

8．增强翅膀纹理颗粒感

01 新建一个图层填充黑色，执行菜单命令"滤镜→杂色"，打开"添加杂色"对话框，如

图5-49所示。

02 在"添加杂色"对话框中设置参数"数量"为31.90，勾选参数"单色"，如图5-50所示。

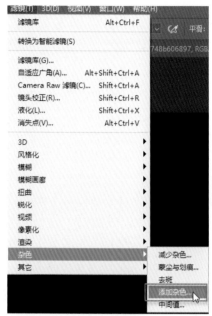

图5-49　添加杂色　◀◀

图5-50　添加杂色　◀◀

03 该图层混合模式设置为"线性减淡"，如图5-51所示。

04 蝴蝶翅膀贴图绘制最终结果如图5-52所示。

图5-51　图层混合模式设置为
"线性减淡"　◀◀

图5-52　蝴蝶翅膀贴图绘制最终结果　◀◀

5.4 Octane渲染器渲染蝴蝶材质

5.4.1 Octane渲染设置与布光

1. 测试渲染设置

01 为了提高渲染测试时的效率，减少渲染时间，首先使用相对精度较低的渲染模式。执行菜单命令"Octane→Live Viewer Window（实时预览窗口）"，打开"Live Viewer 3.07-R1（实时预览3.07-R1）"窗口。单击"Live Viewer 3.07-R1（实时预览3.07-R1）"窗口中的"Settings（设置）"按钮（形状为一个齿轮），打开"Octane Settings（Octane设置）"窗口。点击"Kernels（内核）"标签页，设置第一项属性为"Directlighting（直接照明）"，如图5-53所示。

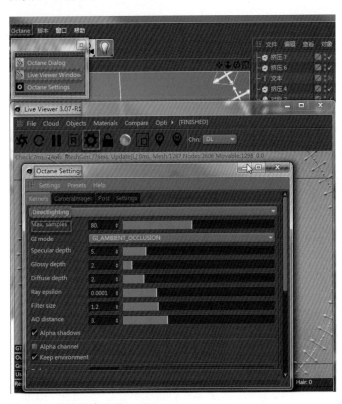

图5-53　测试渲染设置 ◀◀

02 在"Octane Settings（Octane设置）"窗口中设置"Settings（设置）"标签页下面的"Env.（环境）"标签页属性。把"Env.color（环境颜色）"设置为灰色，如图5-54所示。

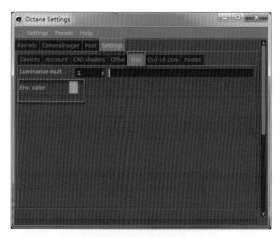

图5-54　环境颜色设置 ◀◀

03 在没有灯光和环境的情况下，单击"Live Viewer 3.07-R1（实时预览3.07-R1）"窗口中的"Send your scene and Restart new render（发送场景和重新渲染）"按钮，测试渲染，如图5-55所示。

图5-55　无灯光和环境的渲染测试 ◀◀

2. 环境设置

01 为场景设置一个Hdri Environment（Hdri环境），模拟室外环境。在"Live Viewer 3.07-R1（实时预览3.07-R1）"窗口中执行菜单命令"Objects→Hdri Environment（对象→Hdri环境）"，在对象浏览器中生成"OctaneSky（Octane天空）"对象，单击该对象右侧的"Environment Tag（环境标签）"，在界面右下角属性面板中，可以看到属性

"Main→Texture（贴图）"的右侧有一个长按钮"ImageTexture（贴图纹理）"，如图5-56所示。

图5-56　创建"OctaneSky（Octane天空）"对象　◀◀

⑫ 在Hdri Environment（Hdri环境）中添加一张室外环境的HDR贴图，贴图中有天空和白云，色调与跟踪用的动态素材类似。单击"Environment Tag（环境标签）"属性"Texture（贴图）"右侧的长按钮后，界面右下角属性面板中变为"ImageTexture（贴图纹理）"。设置属性"Shader→File（着色器→文件）"，单击"File（文件）"最右侧的小按钮，加载一张HDR贴图，贴图在随书的下载中可以找到。去选"Octane Settings（Octane设置）"窗口中的属性"Keep environment"，勾选"Alpha channel"，让Hdri Environment（Hdri环境）在渲染时不可见。渲染时，蝴蝶和石头颜色会受到Hdri Environment（Hdri环境）的影响，如图5-57所示。

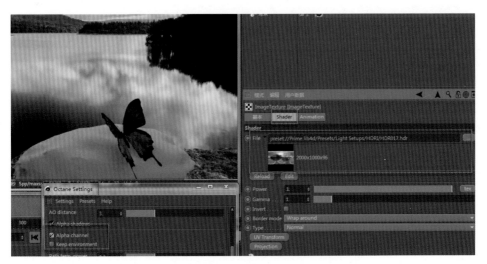

图5-57　为"Environment Tag（环境标签）"加载HDR贴图　◀◀

3. OctaneDaylight（Octanet日光）布置

执行"Live Viewer 3.07-R1（实时预览3.07-R1）"窗口中的菜单命令"Objects→
OctaneDaylight（对象→Octane日光）"，创建OctaneDaylight（Octanet日光），摄像
机视角将"OctaneDaylight（Octane日光）"方向调整为从右上方向左下方照射。在属性面
板中设置"Main（主要）→Turbidity（浑浊度）"和"Main（主要）→Power（强度）"关
键帧动画，模拟第260帧以前和第320帧以后为多云、阴天的日照效果，第270帧到第300帧
之间为阳光照射效果，如图5-58所示。

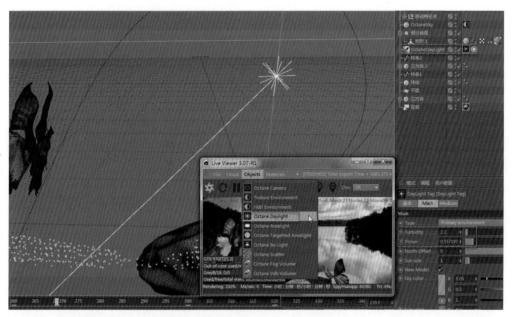

图5-58　创建和摆放"OctaneDaylight（Octanet日光）"　◀◀

5.4.2　Octane渲染蝴蝶材质

蝴蝶的材质主要由贴图表现，蝴蝶翅膀、胸部和肚子3个身体部分需要在材质球调节时使
用贴图，其他身体部分使用纯色材质球。下面主要讲解带有贴图的材质的设置和调节。

实操演示：材质调节详情可参看配套视频教学录像。

1. 翅膀材质和节点连接

01 执行"Live Viewer 3.07-R1（实时预览3.07-R1）"窗口的菜单命令"Materials（材质）
→Octane Node Editor（Octane节点编辑器）"，打开"Octane Node Editor（Octane节点
编辑器）"窗口。从左侧节点列表中用鼠标左键拖动1个"Octane Material（Octane材质）"
节点和1个"ImageTexture（贴图纹理）"节点。将"Octane Material（Octane材质）"命名
为"上翅膀"，设置属性"基本→Material type（材质类型）"为"Diffuse（漫反射）"，为
"上面翅膀"模型赋予"上翅膀"材质球。用鼠标左键将"ImageTexture（贴图纹理）"的

输出端连接至"上翅膀"的"Diffuse（漫反射）"参数，如图5-59所示。

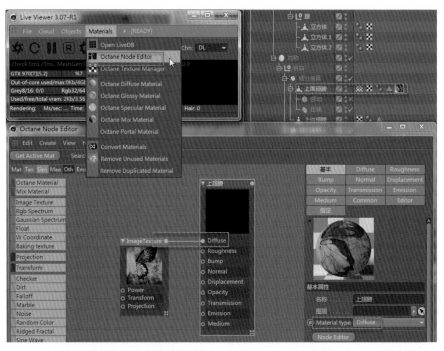

图5-59　创建"上翅膀"材质和节点连接　◀◀

⑫　单击"ImageTexture（贴图纹理）"节点，设置属性"Shader（着色器）→File（文件）"为5.3节绘制好的蝴蝶翅膀贴图，如图5-60所示。

图5-60　为"ImageTexture（贴图纹理）"设置贴图　◀◀

2. 设置蝴蝶胸部材质

打开"Octane Node Editor（Octane节点编辑器）"窗口。从左侧节点列表中用鼠标左键拖动1个"Octane Material（Octane材质）"节点、1个"Image Texture（贴图纹理）"节点和1个"Gradient（渐变）"节点。将"Octane Material（Octane材质）"命名为"蝴蝶胸部"，设置其属性"基本→Material type（材质类型）"为"Diffuse（漫反射）"，为"胸"模型赋予"蝴蝶胸部"材质球。用鼠标左键将"ImageTexture（贴图纹理）"的输出端连接至"Gradient（渐变）"的"Input（输入）"参数。将"Gradient（渐变）"节点的输出端连接至"蝴蝶胸部"节点的"Diffuse"参数。"ImageTexture（贴图纹理）"节点的属性"Shader（着色器）→File（文件）"设置为随书下载提供的贴图。渐变节点属性"Shader（着色器）→Gradient（渐变）"设置为左侧黑色和蓝色，右侧大部分为淡红色，使蝴蝶胸部的贴图偏暗蓝色，花纹为淡红色，如图5-61所示。

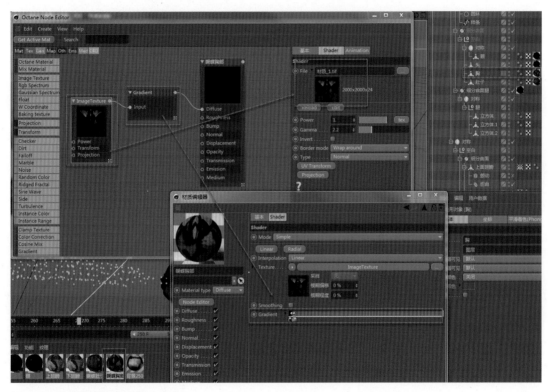

图5-61　设置蝴蝶胸部材质　◀◀

3. 设置蝴蝶肚子材质

打开"Octane Node Editor（Octane节点编辑器）"窗口。从左侧节点列表中用鼠标左键拖动1个"Octane Material（Octane材质）"节点、1个"ImageTexture（贴图纹理）"节点和1个"Gradient（渐变）"节点。将"Octane Material（Octane材质）"命名为"蝴蝶肚子"，设置其属性"基本→Material type（材质类型）"为"Diffuse（漫反射）"，为"肚子"模型赋予"蝴蝶肚子"材质球。用鼠标左键将"ImageTexture（贴图纹理）"的输出端连接至"Gradient（渐变）"的"Input（输入）"参数。将"Gradient（渐变）"节点的输出端连接至"蝴蝶肚子"节点的"Diffuse（漫反射）"参数。将"ImageTexture（贴图纹理）"节点的属性"Shader（着色器）→File（文件）"设置为随书下载提供的贴图。将渐变节点属性"Shader（着色器）→Gradient（渐变）"设置为左侧黑色和淡红色，右侧大部分为蓝色，使蝴蝶肚子的贴图偏淡红色，花纹为蓝色，如图5-62所示。

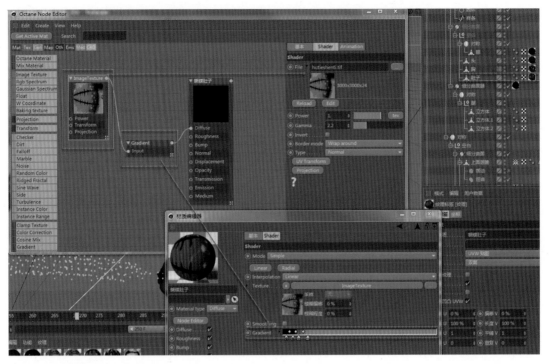

图5-62　设置蝴蝶肚子材质　◀◀

5.5　序列帧渲染输出

5.5.1　Octane渲染设置

1. 设置"Octane Settings（Octane设置）"

在"Live Viewer 3.07-R1（实时预览3.07-R1）"窗口中设置"Octane Settings（Octane设置）"的属性，设置"Kernels（内核）"使用"Pathtracing（光线追踪）"进行渲染。为了能够节省时间，快速渲染完成，使用较低的采样值，降低一些渲染质量。设置"Kernels（内核）→Max.samples（最大采样）"为500，"Kernels（内核）→Diffuse depth（漫射深度）"为8，"Kernels（内核）→Specular depth（镜面深度）"为8，如图5-63所示。

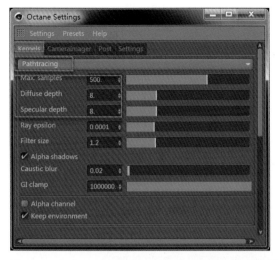

图5-63　在"Octane Settings（Octane设置）"中设置"Kernels（内核）" ◀◀

2．设置对象标签

在对象浏览器中为部分对象添加"Octane ObjectTag（Octane对象标签）"。如果在After Effects进行后期合成时需要单独处理画面中的某个物体，则需要在渲染输出时为其添加"Octane ObjectTag（Octane对象标签）"。比如，设置"蝴蝶2"的Octane对象标签属性"Object Layer（对象层）→Layer ID（层ID）"为2，如图5-64所示。

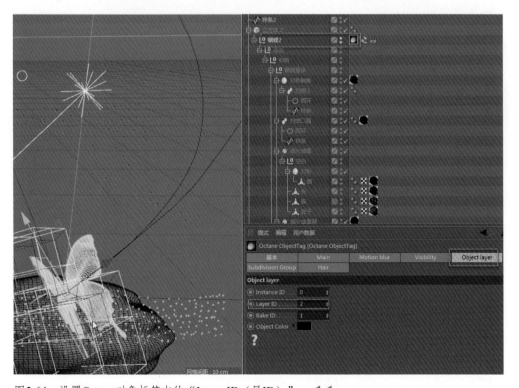

图5-64　设置Octane对象标签中的"Layer ID（层ID）" ◀◀

3. 设置Octane渲染器多通道渲染

在"渲染设置"窗口中设置"渲染器"为"Octane Renderer（Octane渲染器）"。设置"Octane Renderer（Octane渲染器）"属性，设置为指定的路径"Render Passes（渲染多通道）→File（文件）"，"Render Passes（渲染多通道）→Format（格式）"为"PNG"，勾选"Render Passes（渲染多通道）→Show passes（显示多通道）""Render Passes（渲染多通道）→Folders（文件夹）""Render Passes（渲染多通道）→Beauty passes（Beauty通道）→Diffuse（漫反射）""Render Passes（渲染多通道）→Beauty passes（Beauty通道）→Shadows（阴影）""Render Passes（渲染多通道）→Lighting passes（灯光通道）→Ambient light（环境光）""Render Passes（渲染多通道）→Lighting passes（灯光通道）→Sun Light（日光）"。这样渲染时将输出漫反射、阴影、环境光、日光等通道，如图5-65所示。

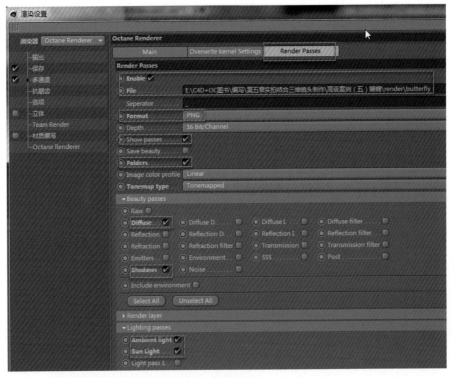

图5-65　设置Octane渲染器多通道渲染　◀◀

4. 继续设置Octane渲染器多通道渲染

设置"Octane Renderer（Octane渲染器）"属性，勾选"Render Passes（渲染多通道）→Render layer mask（渲染层遮罩）→ID1""Render Passes（渲染多通道）→Render layer mask（渲染层遮罩）→ID2""Render Passes（渲染多通道）→Render layer mask（渲染层遮罩）→ID3""Info Passes（信息通道）→AO（环境吸收）"。这样渲染时将输出对象缓存、环境吸收等通道，如图5-66所示。

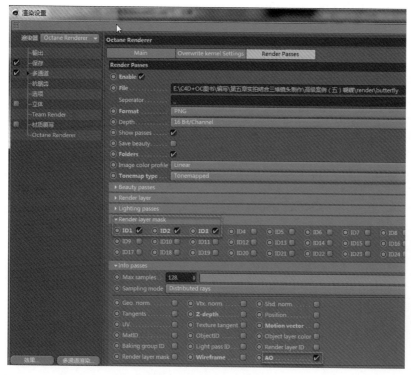

图5-66　继续设置Octane渲染器多通道渲染　◀◀

5.5.2　Cinema 4D渲染设置

01 在"渲染设置"窗口中设置"保存"属性。勾选属性"保存→常规图像→保存""保存→多通道图像→保存"。设置属性"保存→常规图像→文件"为指定路径，"保存→多通道图像→文件"为指定路径。设置属性"保存→常规图像→格式"和"保存→多通道图像→格式"均为"PNG"，如图5-67所示。

图5-67　设置Cinema 4D"渲染设置"中的"保存"属性　◀◀

⓿2 在"渲染设置"窗口中设置"输出"属性。设置"输出→帧频"为30，"输出→帧范围"为"全部帧"，"输出→起点"为250F，"输出→终点"为340F（由于之前使用的拍摄素材为第250帧到第340帧，帧速率为30帧每秒，所以在Cinema 4D工程设置中也设置帧速率为30帧每秒，输出设置也设置帧频为30帧每秒），如图5-68所示。

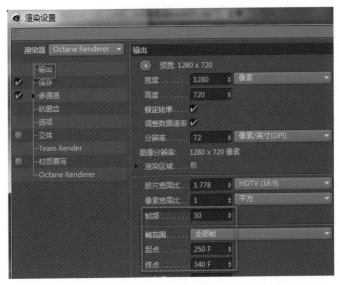

图5-68　设置Cinema 4D"渲染设置"中的"输出"属性　◀◀

⓿3 在图片查看器中进行渲染，将各通道的序列帧渲染到图片查看器和指定路径，如图5-69所示。

图5-69　在图片查看器中进行序列帧渲染　◀◀

5.6 After Effects后期合成

5.6.1 素材导入与合成

1. 导入实拍素材与三维渲染序列帧

01 导入"背景[250–340].png""reg[0250–0340].png""butterfly_RLMa_1_[0250–0340].png""butterfly_RLMa_2_[0250–0340].png"序列帧素材。"背景[250–340].png"为拍摄素材，"reg[0250–0340].png"为常规图像序列帧，"butterfly_RLMa_1_[0250–0340].png"和"butterfly_RLMa_2_[0250–0340].png"为两只蝴蝶的渲染层遮罩序列。常规图像序列帧如图5–70所示。

图5-70　"reg[0250-0340].png"常规图像序列帧 ◀◀

"butterfly_RLMa_1_[0250–0340].png"为左边蝴蝶的渲染层遮罩序列帧，如图5–71所示。"butterfly_RLMa_2_[0250–0340].png"为右边蝴蝶的渲染层遮罩序列帧，如图5–72所示。

图5-71　"butterfly_RLMa_1_[0250-0340].png"为左边蝴蝶的渲染层遮罩序列帧 ◀◀

图5-72　"butterfly_RLMa_2_[0250-0340].png"为右边蝴蝶的渲染层遮罩序列帧 ◀◀

02 创建名为"合成"的合成，将"背景[250-340].png"放置在合成中的最下层，也就是合成工作全部完成之后的第15层，如图5-73所示。

图5-73　创建合成和导入实拍素材　◀◀

2. 合成三维制作的蝴蝶

01 创建"左边蝴蝶"合成，导入"butterfly_RLMa_1_[0250-0340].png"渲染层遮罩序列、"reg[0250-0340].png"常规图像序列。将这两个序列放入"左边蝴蝶"合成。将渲染层遮罩序列放置在常规图像序列之上。使用渲染层遮罩序列作常规图像序列的"亮度"遮罩，如图5-74所示。

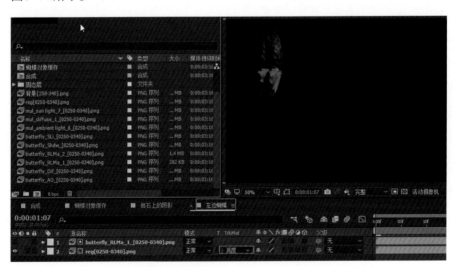

图5-74　通过遮罩显示左边蝴蝶　◀◀

⓶ 用和上一步同样的方法，通过遮罩得到右边蝴蝶的效果后，在"合成"中显示两只蝴蝶和实拍背景素材，如图5-75所示。

图5-75　显示两只蝴蝶和实拍背景素材 ◀◀

5.6.2　蝴蝶调色

1. 制作两只蝴蝶的对象缓存

创建合成"蝴蝶对象缓存"，将"butterfly_RLMa_1_[0250-0340].png"和"butterfly_RLMa_2_[0250-0340].png"序列帧素材放入该合成。"butterfly_RLMa_2_[0250-0340].png"在"butterfly_RLMa_1_[0250-0340].png"的上面，设置"butterfly_RLMa_2_[0250-0340].png"的"混合模式"为"变亮"，如图5-76所示。

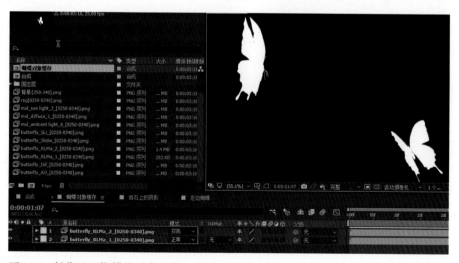

图5-76　制作两只蝴蝶的对象缓存 ◀◀

2. 调节蝴蝶颜色，使其与实拍背景更融合

导入"butterfly_Dif_[0250-0340].png""butterfly_SLi_[0250-0340].png"和
"mul_ambient light_8_[0250-0340].png"序列帧素材，将它们放入"合成"合成，并且
设置其混合模式为"亮度屏幕"。使用"蝴蝶对象缓存"合成分别做它们的亮度遮罩。使蝴蝶
变得更亮，且向光面颜色偏暖，被光面颜色略微偏冷，如图5-77所示。

图5-77　调节蝴蝶颜色　◀◀

5.6.3　岩石阴影合成与环境吸收

1. 阴影合成

创建"岩石上的阴影"合成，导入"butterfly_Shdw_[0250-0340].png"序列帧素
材。将"butterfly_Shdw_[0250-0340].png"和"reg[0250-0340].png"放入该合成。将
"butterfly_Shdw_[0250-0340].png"设置为"reg[0250-0340].png"的亮度反转遮罩，
如图5-78所示。

将"岩石上的阴影"合成放入"合成"合成，将混合模式设置为"相乘"，如图5-79
所示。

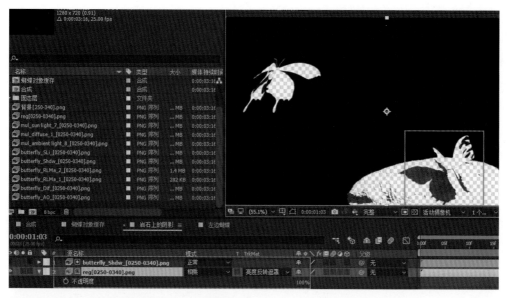

图5-78 创建"岩石上的阴影"合成 ◀◀

图5-79 合成岩石上的阴影 ◀◀

2. 环境吸收合成

导入"butterfly_AO_[0250-0340].png"序列帧素材。将其放入"合成"合成,将混合模式设置为"相乘"。使蝴蝶与石头接触的地方有暗影产生,如图5-80所示。

图5-80　合成环境吸收 ◄◄

5.6.4 运动模糊

　　在"合成"合成中创建调节层"运动模糊"，放置在"合成"中的最上层。为"运动模糊"层添加"RSMB"插件特效，该特效来自ReelSmartMotionBlur插件。需要安装第三方插件才能使用此特效。设置"RSMB"特效属性"Blur Amount（模糊程度）"为0.50。该特效会为画面自动产生运动模糊效果，画面中运动快的部分会产生明显的运动模糊效果，如图5-81所示。

图5-81　运动模糊效果 ◄◄

5.6.5 蝴蝶粒子特效

创建纯色层"粒子"，添加"Particular（粒子）"特效。设置其属性"Emitter（发射器）→Layer Emitter（层发射器）→Layer（层）"为"13.左边蝴蝶"，"Emitter（发射器）→Layer Emitter（层发射器）→Layer Sampling（层采样）"为"Particle Birth Time（粒子出生时间）"。使"左边蝴蝶"合成能够发射出与其颜色相同的粒子，如图5-82所示。

图5-82　蝴蝶发射粒子 ◀◀

5.7 本章小结

本章主要讲解了摄像机跟踪与场景重建、用Photoshop完成蝴蝶翅膀贴图制作、用Cinema 4D完成蝴蝶动画制作、用Octane渲染器插件完成蝴蝶材质渲染、用After Effects完成后期合成和粒子特效。

第 **6** 章

钻石渲染与群集动画

▶ **本章导读** ▌

本章主要讲解了钻石风格的栏目包装案例。案例中用
Cinema 4D完成钻石群集动画，实现的技术包括运
动图形动画、思维粒子特效、表达式技术等。案例中
用Octane渲染器插件完成钻石材质渲染，在不设置
关键帧动画的前提下用表达式技术实现自动动画等。
用After Effects完成后期合成和光效制作。案例镜头
的Cinema 4D工程文件、After Effects工程文件和合
成素材，在随书下载中提供。

▶ **学习要点** ▌

- Cinema 4D表达式自动实现群集动画
- Cinema 4D思维粒子实现钻石破碎效果
- Octane渲染器插件渲染钻石材质
- Octane渲染器插件渲染输出序列帧
- After Effects后期合成与光效

6.1 表达式实现自动群集动画

通过运动图形动画可以很轻松地实现群集模型的随机动画，本节结合表达式技术，不用设置关键帧动画就可以让运动图形对象自动动起来，如图6-1所示。用Octane渲染器渲染的镜头的效果如图6-2所示。

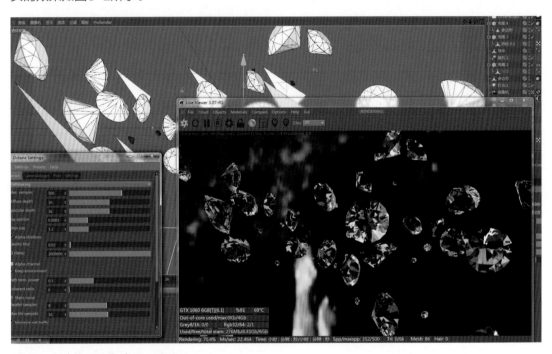

图6-1 自动钻石群集动画 ◀◀

图6-2 用Octane渲染器渲染的镜头的效果 ◀◀

6.1.1 利用运动图形对象创建钻石群集

1. 创建钻石群集

执行Cinema 4D菜单命令"运动图形→克隆"，创建克隆对象，重命名为"近景克隆"。在对象浏览器中拖动"钻石"为"近景克隆"的子物体，从而创建钻石群集，如图6-3所示。

图6-3　创建钻石群集 ◀◀

2. 随机钻石群的初始状态

选中"近景克隆"克隆对象，执行菜单命令"运动图形→效果器→随机"，创建随机效果器，重命名为"随机初始状态近景"。设置"随机初始状态近景"的属性，勾选属性"参数→位置"，设置"参数→P.X"为304cm，"参数→P.Y"为26cm，"参数→P.Z"为-391cm。勾选属性"参数→缩放"，勾选属性"参数→等比缩放"，设置属性"参数→缩放"为0.62。勾选属性"参数→旋转"，设置"参数→R.H""参数→R.P""参数→ R.B"均为86°，使钻石群中的钻石位置随机，尺寸随机，旋转角度随机，如图6-4所示。

图6-4　设置钻石群　◀◀

6.1.2　通过表达式实现自动随机动画

1. 创建"随机运动"效果器

选中"近景克隆"克隆对象，执行菜单命令"运动图形→效果器→随机"，生成随机效果器，重命名为"随机运动"。设置"随机运动"效果器的属性，勾选属性"参数→位置"和"参数→旋转"，设置"参数→P.X""参数→P.Y""参数→P.Z"均为50cm。设置属性"参数→R.H""参数→R.P""参数→R.B"均为146°。为钻石群集的自动运动做好准备，如图6-5所示。

图6-5　生成随机运动效果器　◀◀

2. 创建用户数据

01 创建"空白"对象，在对象浏览器中单击"空白"对象，重命名为"XP"，在界面右下角的属性面板中执行菜单命令"用户数据→增加用户数据"，打开"编辑用户数据"对话框，设置属性，"名称"为"随机强度系数"，"单位"为"实数"，"步幅"为0.1，"默认值"为1，如图6-6所示。

图6-6 创建用户数据"随机强度系数" ◀◀

02 选中"XP"空白对象，在界面右下角的属性面板中执行菜单命令"用户数据→增加用户数据"，打开"编辑用户数据"对话框，设置属性，"名称"为"随机强度初始值"，"单位"为"百分比"，"步幅"为1%，"默认值"为20%，如图6-7所示。

图6-7 创建用户数据"随机强度初始值" ◀◀

3. 表达式节点创建与连接

01 鼠标右键单击"XP"空白对象，执行菜单命令"Cinema 4D标签→XPresso"，创建表达式标签，如图6-8所示。

图6-8　创建表达式标签 ◀◀

02 双击刚刚建立的表达式标签，在"XPresso编辑器"的左侧列表中，拖动"时间"节点和两个"数学"节点到"XPresso编辑器"右侧视图中。从对象浏览器中拖动"随机运动"和"XP"到"表达式编辑器"右侧视图中。连接"时间"节点的输出参数"时间"到"数学：乘"节点的输入参数"输入"。连接"XP"的输出参数"随机强度系数"到"数学：乘"节点的另一个输入参数"输入"。连接"数学：乘"节点的输出参数"输出"到"数学：加"节点的输入参数"输入"。连接"XP"的输出参数"随机强度初始值"到"数学：加"节点的另一个输入参数"输入"。连接"数学：加"节点的输出参数"输出"到"随机运动"节点的输入参数"强度"，如图6-9所示。

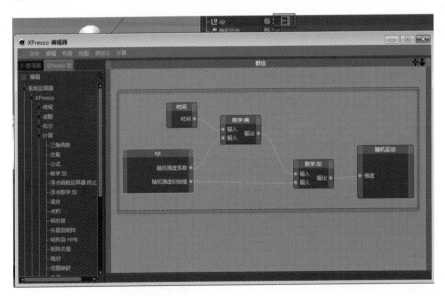

图6-9　表达式节点连接 ◀◀

03 单击"XP"空白对象，在属性面板中设置"用户数据→随机强度系数"为0.6，"用户数据→随机强度初始值"为44%。播放时间线时，随着时间的累计，随机效果器"随机运动"的强度在设置好的初始值的基础上逐渐增大，导致克隆对象的每个元素持续位移和旋转，如图6-10所示。

图6-10 设置用户数据数值 ◀◀

6.2 钻石破碎群集动画

本节讲解了通过Cinema 4D中的思维粒子实现钻石破碎为碎片和小钻石的动态效果的核心步骤。

6.2.1 大钻石碎裂为碎片

1. 通过TP粒子生成大钻石，为破碎效果作准备

⓪① 创建、设置"粒子生成"等节点和TP群组。创建"空白"对象，在对象浏览器中单击"空白"对象，重命名为"TP"。鼠标右键单击"TP"空白对象，执行快捷菜单命令"Cinema 4D标签→XPresso"，创建表达式标签。双击刚刚建立的表达式标签，在"XPresso编辑器"的左侧列表中，拖动"粒子生成""TP标准项"中的"粒子群组""粒子传递"节点到"XPresso编辑器"右侧视图中。执行菜单命令"模拟→Thinking Particles（思维粒子）→Thinking Particles（思维粒子）设置"。在"Thinking Particles（思维粒子）"窗口中创建"群组1"，将"群组1"拖动入"粒子群组"和"粒子传递"节点。设置"粒子生成"节点属性"发射率"为1，"寿命"为75F。在时间线播放的时间范围内只生成一个粒子，如图6-11所示。

图6-11　创建节点设置群组　◀◀

⑫ 连接表达式节点，将粒子替换为细分钻石模型。在"XPresso编辑器"的左侧列表中，拖动"粒子对象外形"节点到"XPresso编辑器"右侧视图中。连接"粒子生成"节点的输出参数"粒子生成"到"粒子群组"节点的输入参数。让"粒子群组"接管"粒子生成"生成的粒子。连接"粒子传递"的输出参数到"粒子对象外形"节点的输入参数。在对象浏览器中拖动"细分钻石"模型到"粒子对象外形"节点。执行菜单命令，"模拟→Thinking Particles（思维粒子）→粒子几何体"，创建粒子几何体。将粒子替换为细分钻石模型，如图6-12所示。

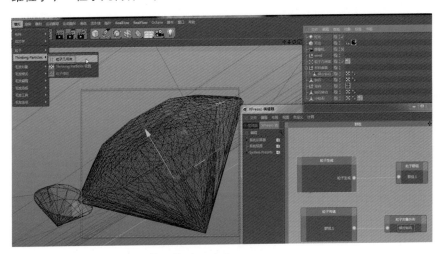

图6-12　将粒子替换为细分钻石模型　◀◀

2. 创建、连接和设置"粒子碎片"节点

在"XPresso编辑器"窗口的左侧列表中，拖动"粒子碎片""TP标准项"中的"粒子

群组"节点到"XPresso编辑器"右侧视图中。在"Thinking Particles（思维粒子）"窗口中创建"群组2"，将"群组2"拖动入新创建的"粒子群组"节点。连接"粒子传递"的输出参数到"粒子碎片"节点的输入参数"粒子"。连接"粒子碎片"节点的输出参数"携带粒子"到"粒子群组"节点的输入参数。让"群组2"接管"粒子碎片"生成的新粒子。设置"粒子碎片"节点属性"阈值"为0，播放时间线，大钻石碎裂为碎片，如图6-13所示。

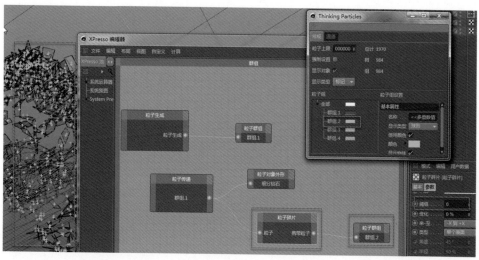

图6-13　粒子碎片使钻石碎开　◀◀

6.2.2　大钻石从左至右逐渐破碎效果

01　设置"粒子碎片"节点属性。设置"速度"为10，"厚度"为0.5，"来-至"为"-X到+X"，如图6-14所示。

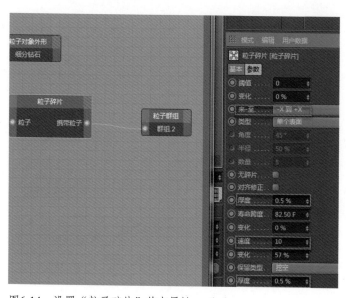

图6-14　设置"粒子碎片"节点属性　◀◀

⓶ 设置"粒子碎片"节点的关键帧动画。为"粒子碎片"节点的"权重"属性设置关键帧动画。在第20帧时，将权重设置为黑色，白色和黑色颜色滑块均在最右侧。在第70帧时，将权重设置为白色，白色和黑色颜色滑块均在最左侧。运行时间线，可以看到绿色粒子（粒子碎片产生的粒子）从左向右逐渐产生，如图6-15所示。

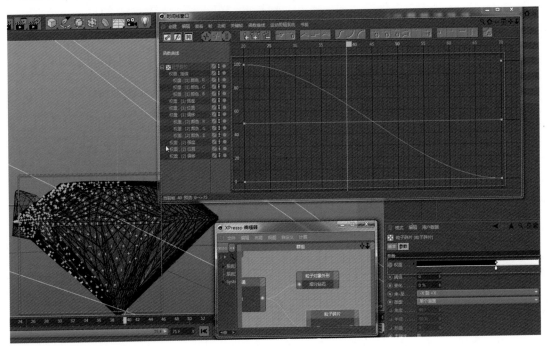

图6-15 设置"粒子碎片"节点的关键帧动画 ◀◀

6.2.3 大钻石随风飘散效果

1. 创建和连接新节点

在"XPresso编辑器"窗口的左侧列表中，拖动"粒子传递""粒子风力""粒子旋转""粒子尺寸"节点到"XPresso编辑器"的右侧视图中。在"Thinking Particles（思维粒子）"窗口中将"群组2"拖动入"粒子传递"节点。连接"粒子传递"节点的输出参数到"粒子风力"节点的输入参数。连接"粒子传递"节点的输出参数到"粒子旋转"节点的输入参数。连接"粒子传递"节点的输出参数到"粒子尺寸"节点的输入参数，如图6-16所示。

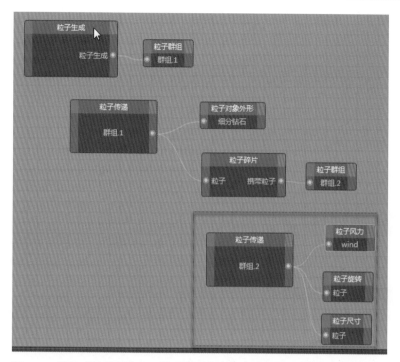

图6-16　添加"粒子风力""粒子旋转"和"粒子尺寸"节点 ◀◀

2. 设置节点属性

让粒子随风飞散，每个粒子随机旋转并且逐渐缩小。

01 设置"粒子风力"节点属性。设置"参数→强度"为400，"参数→湍流"为700，如图6-17所示。

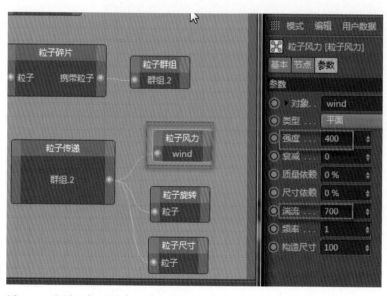

图6-17　设置"粒子风力"节点属性 ◀◀

⓶ 设置"粒子旋转"节点属性。设置"参数→时间"为2，"参数→变化"为54%，如图6-18所示。

图6-18 设置"粒子旋转"节点属性 ◀◀

⓷ 设置"粒子尺寸"节点属性。设置"参数→尺寸"为30，勾选"参数→老化周期"，设置"参数→老化渐变"为从左到右的黑白渐变，如图6-19所示。

图6-19 设置"粒子尺寸"节点属性 ◀◀

6.2.4 钻石整体转动效果

1. 设置钻石模型旋转动画

导入钻石模型，重命名为"钻石转动"。在第0帧和第75帧，为"钻石转动"的位移和旋转属性设置关键帧动画。让钻石模型产生大幅度旋转和小幅度位移动画，如图6-20所示。

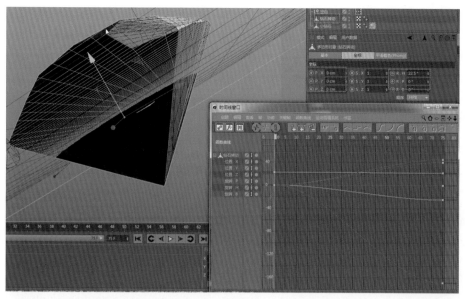

图6-20　设置钻石旋转、位移关键帧动画 ◀◀

2. 添加"粒子运动继承"节点

在"XPresso编辑器"窗口的左侧列表中，拖动"粒子运动继承"节点到"XPresso编辑器"的右侧视图中。连接所有"粒子传递"的输出参数到"粒子运动继承"的输入参数。设置"粒子运动继承"的参数，设置"参数→对象"为"钻石运动"，"参数→遗传旋转"为100%，如图6-21所示。

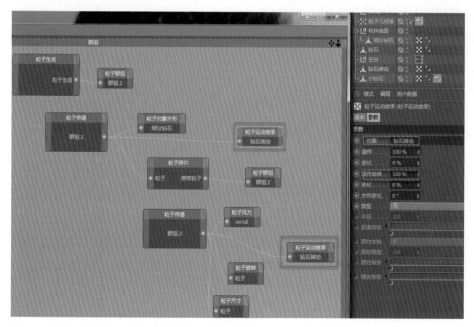

图6-21　添加"粒子运动继承"节点 ◀◀

6.2.5 钻石碎裂效果的全部节点连接和最终效果

全部破碎效果完成后的节点如图6-22所示。

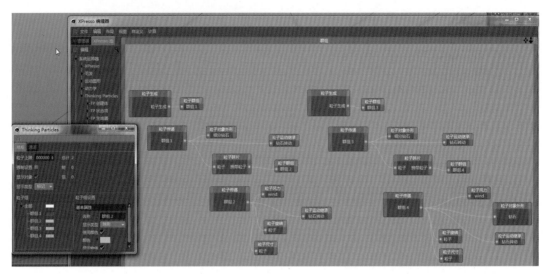

图6-22　全部节点 ◀◀

钻石碎裂最终效果如图6-23所示。

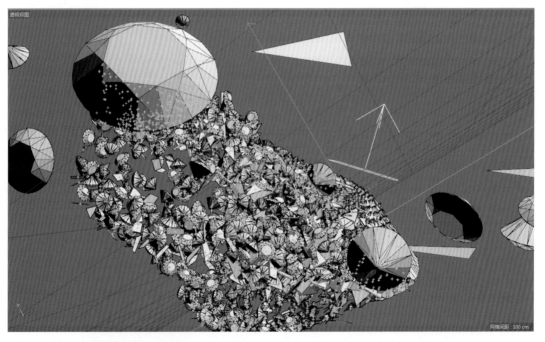

图6-23　钻石碎裂最终效果 ◀◀

6.3 Octane渲染器插件渲染钻石材质

6.3.1 Octane渲染设置和布光

1. 测试渲染设置

01 为了提高渲染测试时的效率，减少渲染时间，首先使用相对精度较低的渲染模式。执行菜单命令"Octane→Live Viewer Window（实时预览窗口）"，打开"Live Viewer 3.07-R1（实时预览3.07-R1）"窗口。单击"Live Viewer 3.07-R1（实时预览3.07-R1）"窗口中的"Settings（设置）"按钮（形状为一个齿轮），打开"Octane Settings（Octane设置）"窗口。点击"Kernels（内核）"标签页，设置第一项属性为"Directlighting（直接照明）"，如图6-24所示。

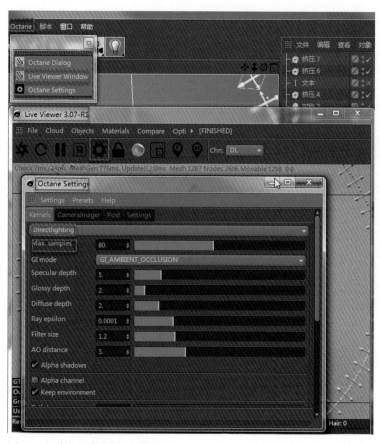

图6-24　测试渲染设置 ◀◀

⓪2 在"Octane Settings（Octane设置）"窗口中设置"Settings（设置）"标签页下面的
"Env.（环境）"标签页属性。将"Env.color（环境颜色）"设置为灰色，如图6-25所示。

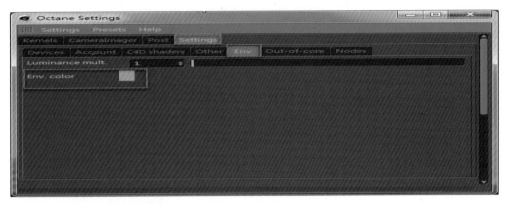

图6-25　环境颜色设置 ◀◀

⓪3 在没有灯光和环境的情况下，单击"Octane→Live Viewer Window（实时预览窗口）"的
"Send your scene and Restart new render（发送场景和重新渲染）"按钮，测试渲染，如
图6-26所示。

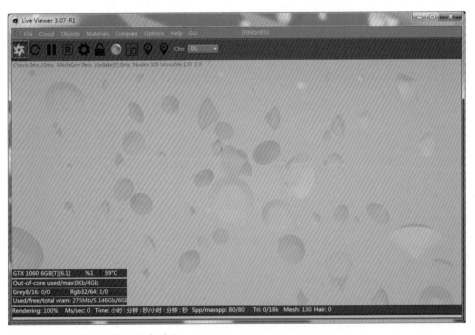

图6-26　无灯光和环境的渲染测试 ◀◀

2. 环境设置与布光

⓪1 由于画面整体偏暗，钻石表面的明暗对比明显，所以创建一个比较暗的环境。在"Live
Viewer 3.07-R1（实时预览3.07-R1）"窗口中执行菜单命令"Objects（对象）→Hdri
Environment（Hdri环境）"，在对象浏览器中生成"OctaneSky（Octane天空）"对象，将

其重命名为"天空"。单击该对象右侧的"Environment Tag（环境标签）"，在界面右下角属性面板中可以看到属性"Main→Texture（贴图）"的右侧有一个长按钮，如图6-27所示。

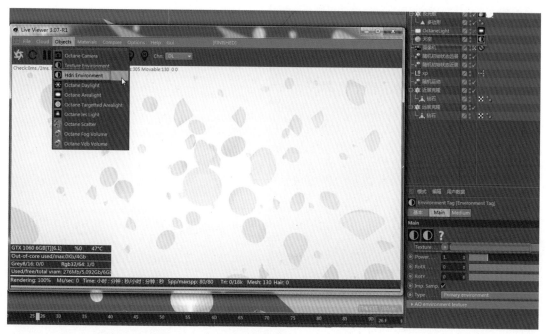

图6-27　创建"OctaneSky（Octane天空）"对象　◀◀

02 单击"Texture（贴图）"右侧的长按钮后，界面右下角属性面板中变为"ImageTexture（贴图纹理）"。设置属性"Shader（着色器）→File（文件）"，单击"File（文件）"最右侧的小按钮，加载一张HDR贴图。贴图在随书下载中可以找到，如图6-28所示。

图6-28　为"Environment Tag（环境标签）"加载HDR贴图　◀◀

03 设置"天空"对象右侧的"Environment Tag（环境标签）"属性，单击"Main→Texture（贴图）"右侧的小按钮，执行快捷菜单命令"C4doctane→ColorCorrection（颜色校正）"，如图6-29所示。

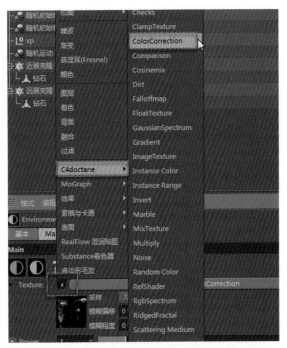

图6-29　为"Environment Tag（环境标签）"添加"颜色校正"　◀◀

04 设置"ColorCorrection（颜色校正）"属性，使天空显示为蓝色倾向。"Hue"为0.91863，"Gamma"为0.60338，如图6-30所示。

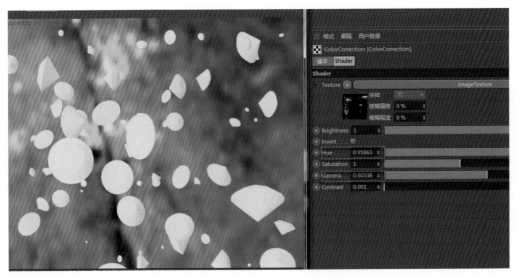

图6-30　设置"颜色校正"　◀◀

3. 灯光布置

01 布置光源，执行"Live Viewer 3.07-R1（实时预览3.07-R1）"窗口的菜单命令"Objects（对象）→Octane Arealight（Octane面光源）"，创建Octane面光源。在Cinema 4D视图窗

口中将该面光源放置于钻石群的右前方，如图6-31所示。

图6-31　创建和摆放面光源　◀◀

02 在 "Live Viewer 3.07-R1（实时预览3.07-R1）" 窗口中单击 "Send your scene and Restart new render（发送场景和重新渲染）" 按钮，进行布光后的渲染测试。钻石群右侧受光照影响变亮，其他部分被天空环境影响变亮，如图6-32所示。

图6-32　布光后的渲染测试　◀◀

6.3.2 Octane渲染钻石材质

1. 创建并设置镜面材质球

创建并设置镜面材质球，使其具备钻石的折射率，有透明并且有强折射效果，而且内部有杂色。

在"Live Viewer 3.07-R1（实时预览3.07-R1）"窗口中执行菜单命令"Materials（材质）→Octane Specular Material（Octane镜面材质）"，在界面左下角的材质面板中出现一个Octane材质球。单击该材质球，在界面右下角属性面板中设置属性，设置"Index（折射通道）→Index（折射率）"为2.417，"Dispersion（散射通道）→Dispersion_coefficient_B（散射系数B）"为0.007438，如图6-33所示。

图6-33　钻石材质调节　◀◀

2. 创建反光板和反光彩色块

创建反光板和反光彩色块，通过反射和折射使钻石表面细节更丰富。

01 创建三角形面片模型和不规则多边形模型作为反光板和反光彩色块，将它们分别放置在钻石群周围，如图6-34所示。

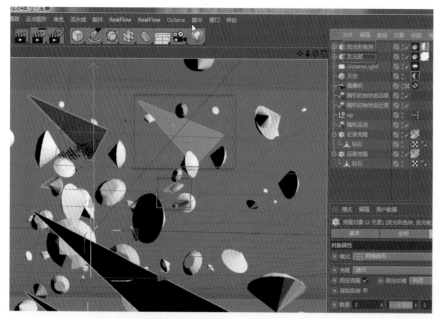

图6-34 反光板和反光彩色块模型 ◀◀

⓶ 创建Cinema 4D默认材质球"彩色块"和Octane漫反射材质球"反光板"。将这两个材质球分别赋予"反光彩色块"和"反光板"对象。设置两个材质球各自的属性,在"彩色块"材质球的"颜色"和"发光"通道中添加彩色渐变。在"反光板"材质球的"Emission"通道中设置Blackbody Emission(黑体发光),如图6-35所示。

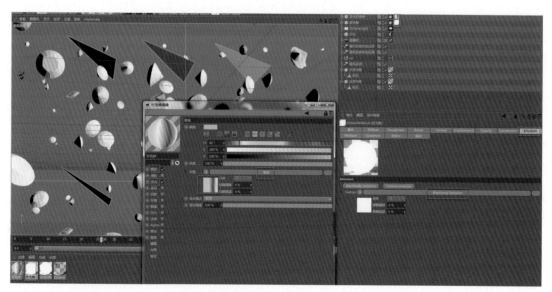

图6-35 设置"彩色块"和"反光板"材质球属性 ◀◀

⓷ 单击"Octane→Live Viewer Window(实时预览窗口)"的"Send your scene and Restart new render(发送场景和重新渲染)"按钮,测试渲染钻石材质效果,钻石表面有了更多的亮部细节,如图6-36所示。

图6-36　钻石材质渲染测试　◀◀

6.4　序列帧渲染输出

6.4.1　Octane渲染设置

1. 设置"Octane Settings（Octane设置）"

在"Live Viewer 3.07-R1（实时预览3.07-R1）"窗口中设置"Octane Settings（Octane设置）"的属性，设置"Kernels（内核）"使用"Pathtracing（光线追踪）"进行渲染。为了能够节省时间，快速渲染完成，使用较低的采样值来降低渲染质量。设置"Kernels（内核）→Max.samples（最大采样）"为800，"Kernels（内核）→Diffuse depth（漫射深度）"为16，"Kernels（内核）→Specular depth（镜面深度）"为16。勾选"Kernels（内核）→Alpha channel（Alpha通道）"，如图6-37所示。

2. 设置对象标签

在对象浏览器中为"粒子几何体""粒子几何体2""粒子几何体3""小钻石"和"近

景克隆"添加"Octane ObjectTag（Octane对象标签）"。分别设置其Octane对象标签属性"Object Layer（对象层）→Layer ID（层ID）"为1、2、3、4、5，如图6-38所示。

图6-37　设置"Kernels（内核）"　◀◀

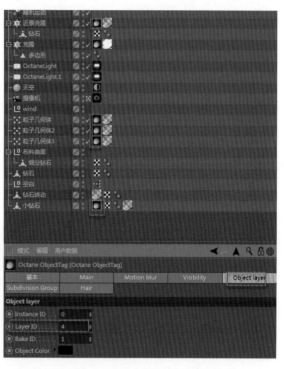

图6-38　设置Octane对象标签中的"Layer ID（层ID）"　◀◀

3. 设置Octane渲染器多通道渲染

在"渲染设置"中设置"渲染器"为"Octane Renderer（Octane渲染器）"。设置"Octane Renderer（Octane渲染器）"属性，设置勾选"Enable（启用）"，"Render Passes（渲染多通道）→File（文件）"为指定的路径，"Render Passes（渲染多通道）→Format（格式）"为"PNG"，勾选"Render Passes（渲染多通道）→Folders（文件夹）""Render Passes（渲染多通道）→Beauty passes（Beauty通道）→Reflection（反射）""Render Passes（渲染多通道）→Beauty passes（Beauty通道）→Refraction（折射）""Render Passes（渲染多通道）→Lighting passes（灯光通道）→Light pass 1（灯光通道1）""Render Passes（渲染多通道）→Lighting passes（灯光通道）→Light pass 2（灯光通道2）""Render Passes（渲染多通道）→Render layer mask（渲染层遮罩）→ID1"至"Render Passes（渲染多通道）→Render layer mask（渲染层遮罩）→ID5"，如图6-39所示。

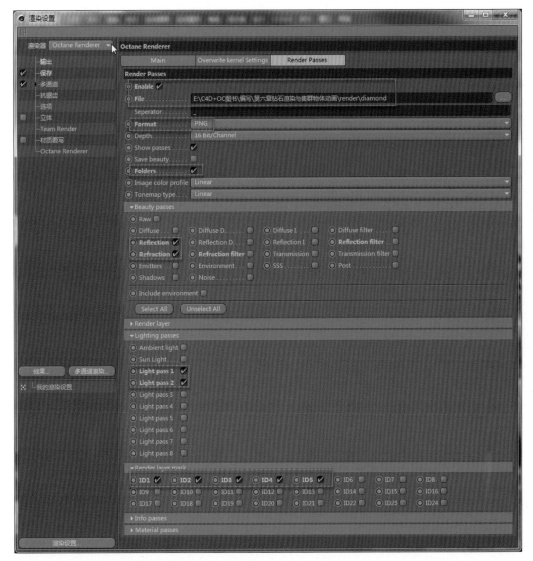

图6-39　设置Octane渲染器多通道渲染　◀◀

6.4.2　Cinema 4D渲染设置

01 在"渲染设置"窗口中设置"保存"属性。勾选属性"保存→常规图像→保存""保存→多通道图像→保存"。设置属性"保存→常规图像→文件"为指定路径，"保存→多通道图像→文件"为指定路径。设置属性"保存→常规图像→格式"为"PNG"，"保存→多通道图像→格式"为"PNG"，如图6-40所示。

02 在"渲染设置"窗口中设置"输出"属性。设置"输出→帧频"为25，"输出→帧范围"为"全部帧"，"输出→起点"为0F，"输出→终点"为75F，如图6-41所示。

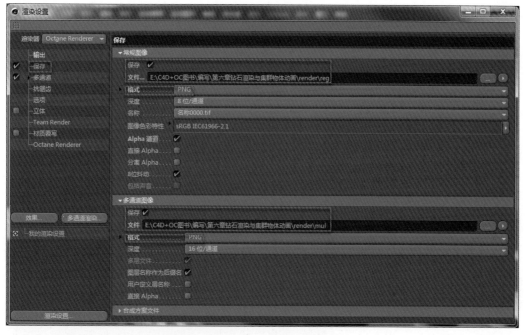

图6-40　设置Cinema 4D "渲染设置"中的 "保存"属性　◀◀

图6-41　设置Cinema 4D "渲染设置"中的 "输出"属性　◀◀

6.5　After Effects后期合成钻石破碎镜头

6.5.1　合成钻石破碎部分与标准钻石保留部分

导入渲染好的序列帧素材，"reg[0000-0075].png"和"regOnlyDiamonds [0000-0075].png"。"reg[0000-0075].png"为由细分钻石碎裂开的碎片和小钻石。"regOnlyDiamonds[0000-0075].png"为标准钻石。由于渲染出的细分钻石的折射效果不如标准钻石的折射效果好看，所以需要用标准钻石遮挡住细分钻石的保留部分。

1. 设置"regOnlyDiamonds[0000-0075]．png"部分可见

用"regOnlyDiamonds[0000-0075].png"创建合成"完整钻石"。在"regOnlyDiamonds[0000-0075].png"层上绘制蒙版，添加蒙版路径动画关键帧，然后反转蒙版，使蒙版以外部分的画面可见，使画面中间的标准钻石由左至右逐渐消失。然后设置该层的"不透明度"为50%，如图6-42所示。

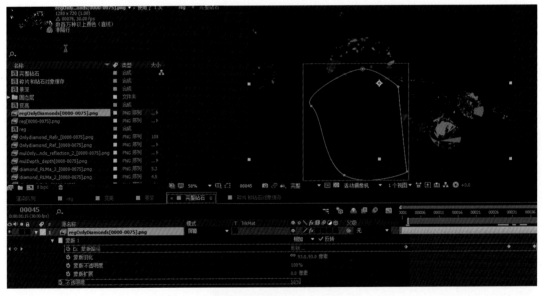

图6-42　设置"regOnlyDiamonds[0000-0075].png"部分可见　◀◀

2. 利用标准钻石可见部分遮挡细分钻石的未破碎保留部分

创建"reg"合成，将"reg[0000-0075].png"放入合成，然后将"完整钻石"合成放置在"reg[0000-0075].png"的上层。这样钻石破碎时，没有破碎的保留部分显示为标准钻

石的右半部分，如图6-43所示。

图6-43　利用标准钻石可见部分遮挡细分钻石的未破碎保留部分 ◀◀

6.5.2　钻石变亮与星光效果

为破碎细分钻石的折射层、破碎细分钻石的反射层、标准钻石的反射层和标准钻石的折射层添加星光特效以及景深模糊特效，合成之后可以给钻石增加更多带有景深模糊的亮部细节和星光闪烁效果。

01 创建"变亮与星光"合成，将素材"diamond_Refr_[0000-0075].png""diamond_Ref_[0000-0075].png""Onlydiamond_Ref_[0000-0075].png"和"Onlydiamond_Refr_[0000-0075].png"放入该合成中，将"混合模式"设置为"屏幕"。这几层分别是破碎细分钻石的折射层、破碎细分钻石的反射层、标准钻石的反射层和标准钻石的折射层，如图6-44所示。

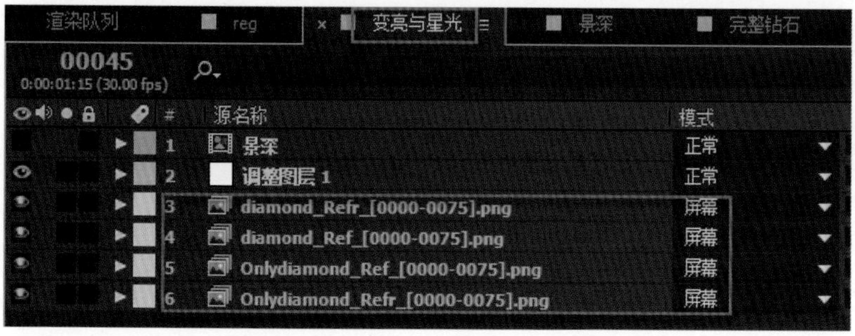

图6-44　通过反射、折射层增加更多亮部细节 ◀◀

02 为"变亮与星光"合成中的第3、4、5、6层分别添加"Starglow（星光）"特效，如图6-45所示。

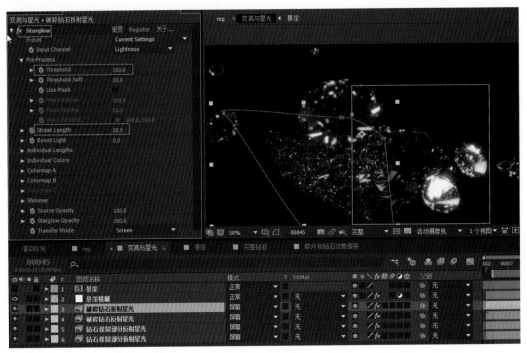

图6-45　添加"Starglow（星光）"特效　◀◀

03 利用"mulDepth_depth[0000-0075].png"创建"景深"合成，如图6-46所示。

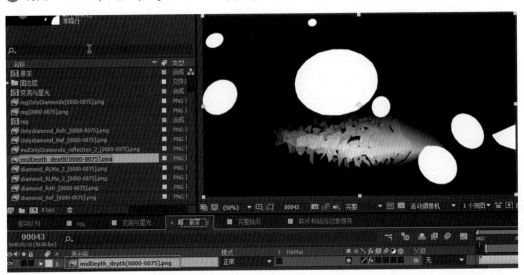

图6-46　创建"景深"合成　◀◀

04 将"景深"合成放入"变亮与星光"合成。在"变亮与星光"合成中添加调整图层"景深模糊"，为其添加"摄像机镜头模糊"特效。设置特效属性"模糊图→图层"为"1.景深"，如图6-47所示。

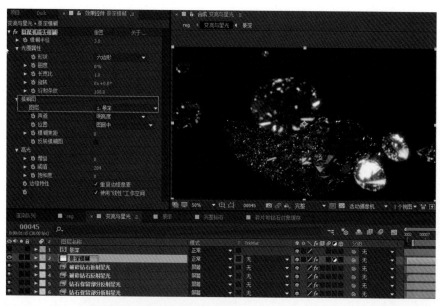

图6-47 添加"摄像机镜头模糊"特效 ◀◀

6.5.3 背景与镜头光晕

01 为合成设置深色并且带有渐变颜色的背景层。创建"深色 蓝色 纯色1"纯色层，放置在 "reg"合成中的最下层。为其添加"四色渐变"，设置左上方和右下方为深紫色，左下方和 右上方为黑紫色，如图6-48所示。

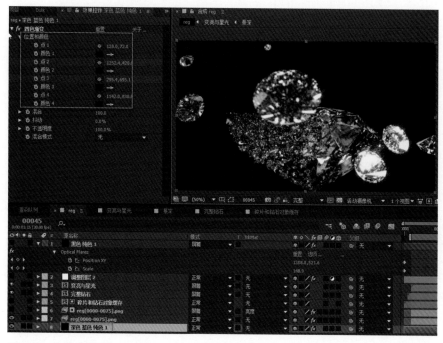

图6-48 设置背景层 ◀◀

⓶ 创建"黑色 纯色1"纯色层，放置在"reg"合成中的第一层。为其添加"Optical Flares"特效，在其属性"选项"中选择合适的镜头光晕预设，然后为属性"Position XY"和"Scale"设置关键帧动画，使镜头光晕从画面右下方向上缓慢移动，光晕由小变大，再变小，如图6-49所示。

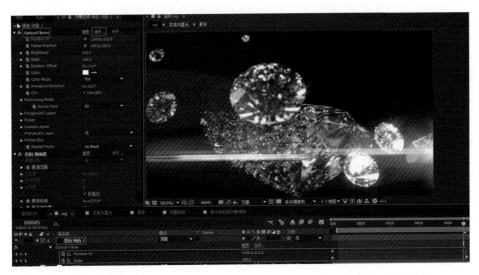

图6-49　设置镜头光晕　◀◀

6.5.4　运动模糊

创建"运动模糊"调整图层，放置在"reg"合成中的最上层。为其添加"RSMB"运动模糊特效，设置其属性"Blur Amount"为0.30，使整个画面中运动幅度大的物体都具有明显运动模糊的效果，如图6-50所示。

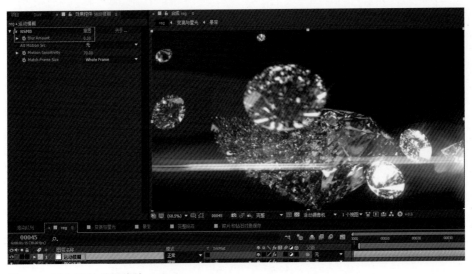

图6-50　添加运动模糊特效　◀◀

6.6 本章小结

　　本章讲解了表达式实现自动群集动画、思维粒子实现钻石破碎效果、Octane渲染器渲染钻石材质、Octane渲染器渲染输出序列帧、后期合成与星光特效。实现自动群集动画主要讲解了简单的表达式应用。钻石破碎效果主要讲解了Thinking Particles（思维粒子）的应用。渲染钻石材质主要讲解了使用Octane渲染器插件进行布光、渲染设置、透明材质调节、反光板的使用等。渲染输出序列帧主要讲解了Octane渲染器设置和Cinema 4D渲染设置。后期合成与星光特效主要讲解了使用After Effects对Octane渲染器渲染输出的多通道图像进行合成以及添加星光等特效的方法。

第·**7**·章

流体模拟与
Octane渲染

▶ **本章导读** ▮

案例用Cinema 4D完成，可乐液体用"RealFlow"
插件模拟完成，用Octane渲染器插件完成材质渲
染，用Cinema 4D完成三维运动图形动画和摄像
机动画，用After Effects完成后期合成。镜头的
Cinema 4D工程文件、After Effects工程文件和合
成素材，在随书下载中提供。

▶ **学习要点** ▮

- 流体形态模拟
- 三维运动图形动画与摄像机动画
- 后期调色

7.1 流体解算

1. 创建流体的运动路径

用Octane渲染器渲染的镜头的效果如图7-1所示。首先使用Cinema 4D画笔工具，在正视图中绘制样条线作为流体的运动路径，再添加合适的点围绕"可乐瓶"螺旋式的路线，如图7-2所示。

图7-1　案例的渲染效果　◀◀

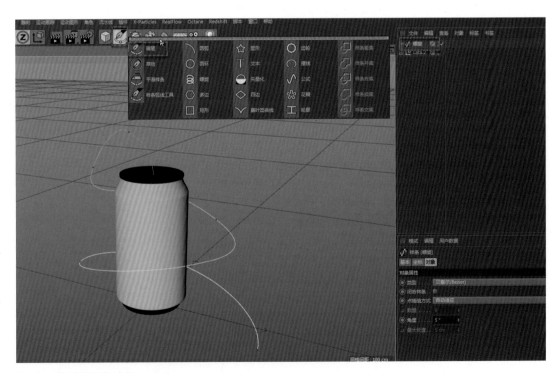

图7-2　案例的制作过程　◀◀

2. 生成模拟粒子

01 单击Cinema 4D菜单工栏中的"RealFlow",创建"场景"对象,如图7-3所示。

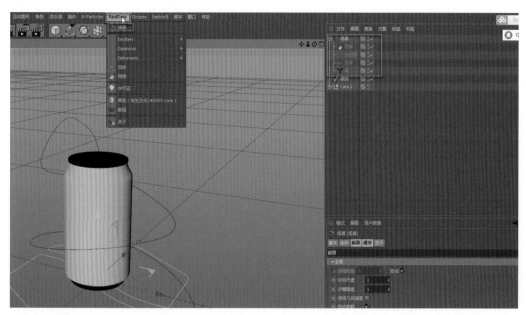

图7-3 创建"场景"对象 ◀◀

02 单击Cinema 4D菜单工栏中的"RealFlow",执行创建"场景"下的"圆形发射器",为场景添加发射器,把发射器的位置调整到样条线的下端处,以便更好地与样条线路径运动,如图7-4所示。

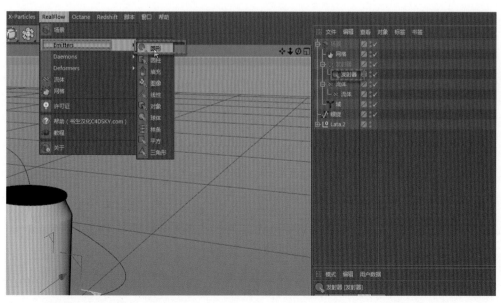

图7-4 发射器的位置调整 ◀◀

03 单击Cinema 4D菜单工栏中的"RealFlow",执行创建"deamons"力场下的"样条场"，并把样条线拖动到"样条场"的"样条对象"中，调整其"涡流强度"为"55"，"轴向强度"为50，"径向强度"为"800"，从第一帧开始播放模拟，如图7-5所示。

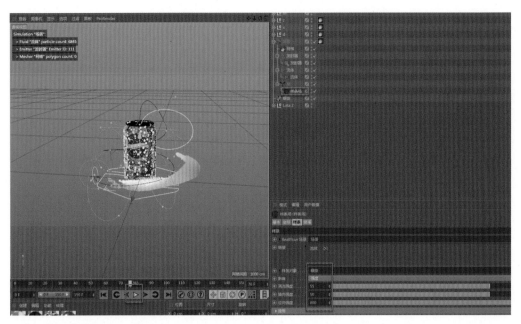

图7-5　模拟场景流体　◀◀

04 这时，再添加几个力场对流体形态进行影响，分别为"噪波场""牵引场"和"表面张力"，"噪波场"的强度为"120"，"牵引场"的"牵引强度"为0.05，"表面张力"强度为"3"，模拟效果如图7-6所示。

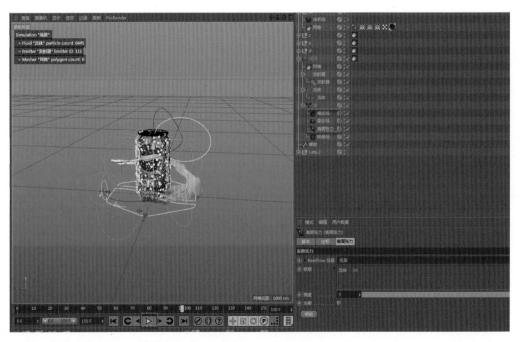

图7-6　调节"噪波场""牵引场"等　◀◀

⑤ 在"RealFlow"插件中执行"网格"命令并设置"网格"的"分辨率"为"低-中","半径"为"4.5cm","平滑"为"2",如图7-7所示。

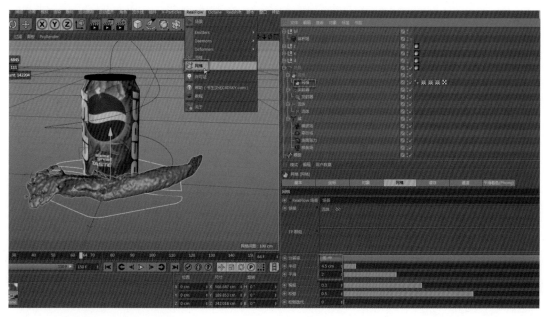

图7-7 调节网格细分级别 ◀◀

7.2 三维运动图形动画与摄像机动画

① 设置"空白"对象,在属性面板中,分别在第60帧和第150帧,为属性"坐标→P.X""坐标→P.Y""坐标→P.Z""坐标→R.H""坐标→R.P"和"坐标→R.B"设置关键帧动画。第0帧时设置"坐标→P.X"为0cm,"坐标→P.Y"为168cm,"坐标→P.Z"为-922.117cm。第150帧时设置"坐标→P.X"为0cm,"坐标→P.Y"为168cm,"坐标→P.Z"为-2614.117cm,之后在"时间线窗口"窗口中可以看到该属性的动画曲线,将动画曲线调节为如图7-8所示。

② 在对象浏览器中单击"摄像机",创建"空白"对象作为"摄像机"的父集对象,将"摄影机"的焦距设置为"55",分别在第60帧和第150帧,在属性面板中,为属性"坐标→P.X""坐标→P.Y""坐标→P.Z""坐标→R.H""坐标→R.P"和"坐标→R.B"设置关键帧动画。第0帧时设置"坐标→P.X"为0cm,"坐标→P.Y"为0cm,"坐标→P.Z"为0cm,"坐标→R.H"为66cm,"坐标→R.P"为0,"坐标→R.B"为30。第150帧时设置"坐标→P.X"为0cm,"坐标→P.Y"为0cm,"坐标→P.Z"为0cm,"坐标→R.H"为-170,"坐标→R.P"为0,"坐标→R.B"为0,之后在"时间线窗口"窗口中可以看到该属性的动画曲线,将动画曲线调节为如图7-9所示。

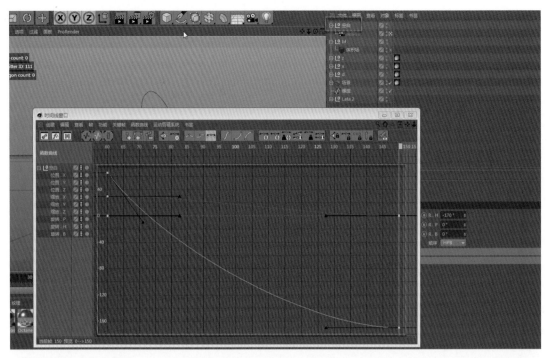

图7-8　调整曲线　◀◀

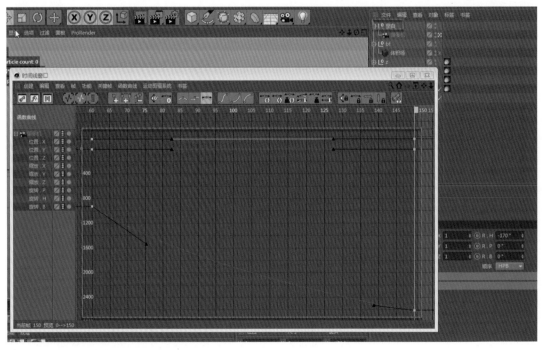

图7-9　调整"摄像机"曲线　◀◀

7.3 Octane渲染器布光与渲染设置

01 测试渲染设置。为了提高渲染测试时的效率，减少渲染时间，首先使用相对精度较低的渲染模式。执行菜单命令"Octane→Live Viewer Window（实时预览窗口）"，打开"Live Viewer 3.07-R2（实时预览3.07-R2）"窗口。单击"Live Viewer 3.07-R2（实时预览3.07-R1）"窗口中的"Settings（设置）"按钮（形状为一个齿轮），打开"Octane Settings（Octane设置）"窗口。点击"Kernels（内核）"标签页，设置第一项属性为"Patchtracing（光线追踪）"，如图7-10所示。

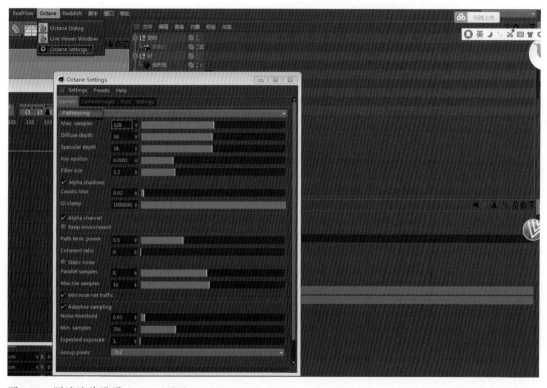

图7-10　测试渲染设置（1）　◀◀

02 继续修改"Octane"的设置，只有这样才能保证渲染器色彩的准确性，如图7-11所示。

03 执行"Live Viewer 3.07-R2（实时预览3.07-R2）"窗口的菜单命令"Objects→Octane Arealight（对象→Octane面光源）"，创建Octane面光源，在对象浏览器中把新Octane面光源命名为"主光"。在Cinema 4D视图窗口中将"主光"放置于场景模型的左边，如图7-12所示。

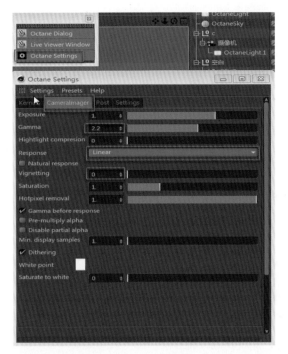

图7-11　测试渲染设置（2）　◀◀

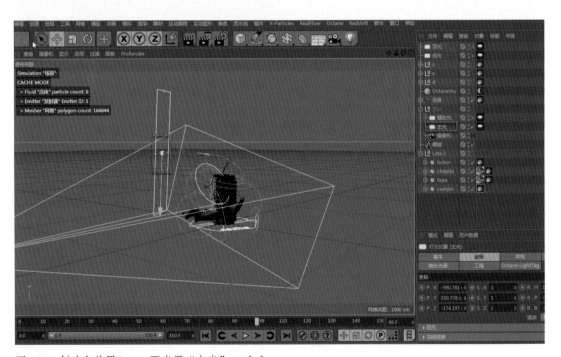

图7-12　创建和放置Octane面光源"主光"　◀◀

04 点击Octane面光源"主光"的标签"Octane LightTag（Octane 灯光标签）"，在属性面板中鼠标左键框选"Light settings（灯光设置）"和"Visibility（可见性）"，调整"Power（强度）"为5，如图7-13所示。

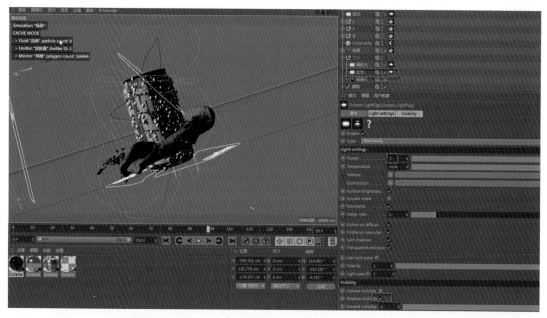

图7-13 设置"主光"的标签 ◀◀

05 同理执行"Live Viewer 3.07-R2（实时预览3.07-R2）"窗口的菜单命令"Objects→ Octane Arealight（对象→Octane面光源）"，创建Octane面光源，在对象浏览器中把新 Octane面光源命名为"辅助光"。在Cinema 4D视图窗口中将"辅助光"放置于场景模型的 右边，如图7-14所示。

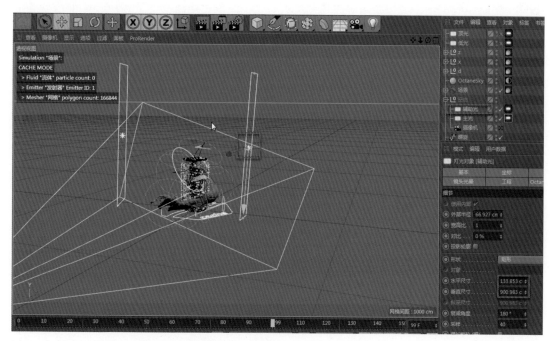

图7-14 创建和放置Octane面光源"辅助光" ◀◀

06 创建两盏补光，执行"Live Viewer 3.07-R2（实时预览3.07-R2）"窗口的菜单命令

"Objects→Octane Arealight（对象→Octane面光源）"，创建两盏Octane面光源，在对象浏览器中将新Octane面光源命名为"顶光"和"底光"。在Cinema 4D视图窗口中将"顶光"放置在可乐瓶上方，将"底光"放置在可乐瓶下方，调整"Power（强度）"分别为5和2，如图7-15所示。

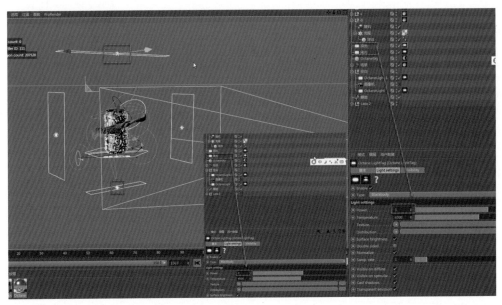

图7-15　创建和设置Octane面光源"顶光"和"底光"　◀◀

07 在"Live Viewer 3.07-R2（实时预览3.07-R2）"窗口中单击"Send your scene and Restart new render（发送场景和重新渲染）"按钮，对场景进行渲染测试，如图7-16所示。

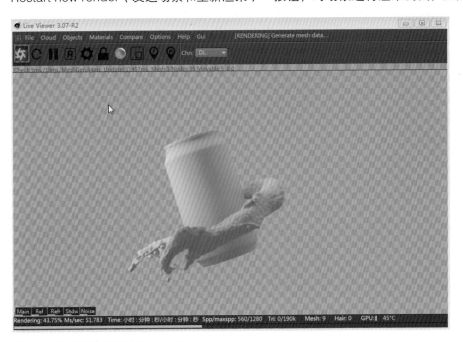

图7-16　灯光渲染测试效果　◀◀

7.4 Octane渲染可乐瓶材质、液体材质

本案例中讲解了常见的材质效果的调节，由于篇幅的原因，只对其中几个模型进行调节，详情可参考配套下载。

1. 创建与调节液体材质球

01 在"Live Viewer 3.07-R2（实时预览3.07-R2）"窗口中执行菜单命令"Materials→Octane Glossy Material（材质→Octane光泽材质）"，在界面左下角的材质面板中出现一个Octane材质球，双击材质球，打开"材质编辑器"窗口，将材质球缩略图下面的材质名称修改为"液体材质"。用鼠标左键拖动"液体材质"材质球到界面右上方的对象浏览器中的"液体"模型对象上，在"液体"模型对象右侧生成材质纹理标签，如图7-17所示。

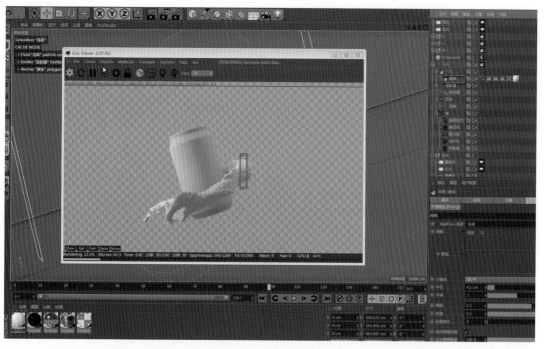

图7-17　创建液体材质球　◀◀

02 双击"液体材质"材质球，打开"材质编辑器"窗口，设置其材质模式为高光模式Specular（设置），"Transmission（传递通道）"属性，单击"Color"右侧色块，打开"颜色拾取器"对话框。设置H为22°，S为53.807%，V为65.482%。设置金属颜色为棕褐色，如图7-18所示。

图7-18　创建"液体材质"材质球　◀◀

03 在"材质编辑器"窗口中设置"Index（菲涅尔反射通道）"属性。设置"Index（索引值）"为1.333，如图7-19所示。

图7-19　设置"Index（菲涅尔反射通道）"属性　◀◀

04 在"Live Viewer 3.07-R2（实时预览3.07-R2）"窗口中单击"Send your scene and Restart new render（发送场景和重新渲染）"按钮，对"液体材质"材质球测试渲染，如图7-20所示。

图7-20 对"液体材质"材质球测试渲染 ◀◀

2. 创建与调节可乐瓶质球

01 在"Live Viewer 3.07-R2（实时预览3.07-R2）"窗口中执行菜单命令"Materials→Octane Glossy Material（材质→Octane光泽材质）"，在界面左下角的材质面板中出现一个Octane材质球，双击材质球打开"材质编辑器"窗口，将材质球缩略图下面的材质名称修改为"可乐瓶"。用鼠标左键拖动"可乐瓶"材质球到界面右上方的对象浏览器中的面具模型对象上，在模型右侧生成材质纹理标签，如图7-21所示。

图7-21 创建"可乐瓶"材质球 ◀◀

02 单击"可乐瓶"材质球,在界面右下角属性面板中设置"Diffuse(漫反射通道)""Specular(反射通道)""Index(菲涅尔反射通道)""Roughness(粗糙度通道)"等属性。设置"Diffuse(漫反射通道)"加载"pepsi.jpg"可乐贴图,如图7-22所示。

图7-22 加载贴图 ◀◀

03 单击"可乐瓶"材质球,在界面右下角属性面板中设置"Roughness(粗糙度通道)",设置"Roughness(粗糙度通道)"加载"concrete_dirty_01_specular.jpg"脏旧贴图,如图7-23所示。

图7-23 设置"Roughness(粗糙度通道)"属性 ◀◀

04 单击"可乐瓶"材质球,在界面右下角属性面板中设置"bump(凹凸通道)",设置"Bump(凹凸通道)"加载"rustmetal-scratch.jpg"脏旧贴图。设置"Power(强度)"为"0.02",如图7-23所示。

图7-24 设置"Bump(凹凸通道)"属性 ◀◀

05 在"Live Viewer 3.07-R2(实时预览3.07-R2)"窗口中单击"Send your scene and Restart new render(发送场景和重新渲染)"按钮,对"可乐瓶"材质球测试渲染,如图7-25所示。

图7-25 对"可乐瓶"材质球测试渲染 ◀◀

3. 创建与调节瓶盖材质球

① 在 "Live Viewer 3.07-R2（实时预览3.07-R2）" 窗口中执行菜单命令 "Materials→Octane Glossy Material（材质→Octane光泽材质）"，在界面左下角的材质面板中出现一个Octane材质球，双击材质球，打开 "材质编辑器" 窗口，将材质球缩略图下面的材质名称修改为 "瓶盖"。用鼠标左键拖动 "瓶盖" 材质球到界面右上方的对象浏览器中的瓶盖模型对象上，在模型右侧生成材质纹理标签，如图7-26所示。

图7-26　创建 "瓶盖" 材质球　◀◀

② 单击 "瓶盖" 材质球，在界面右下角属性面板中设置 "Diffuse（漫反射通道）" "Specular（反射通道）" "Index（菲涅尔反射通道）" "Roughness（粗糙度通道）" 等属性。关闭 "Diffuse（漫反射通道）"，设置 "Roughness（粗糙度通道）" 加载 "concrete_dirty_01_specular.jpg" 脏旧贴图，设置 "Power" 为0.25，如图7-27所示。

③ 单击 "瓶盖" 材质球，在界面右下角属性面板中设置 "Bump（凹凸通道）"，设置 "Bump（凹凸通道）" 加载 "concrete_dirty_01_specular.jpg" 脏旧贴图。设置 "Power（强度）" 值为 "0.015"，如图7-28所示。

图7-27　加载"Roughness（粗糙度通道）"贴图　◀◀

图7-28　加载"Bump（凹凸通道）"贴图　◀◀

04 在"Live Viewer 3.07-R2（实时预览3.07-R2）"窗口中单击"Send your scene and Restart new render（发送场景和重新渲染）"按钮，对"瓶盖"材质球测试渲染，如图7-29所示。

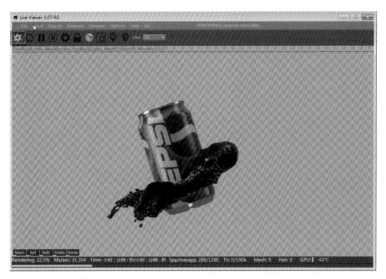

图7-29　对"瓶盖"材质球测试渲染　◀◀

4. 创建水珠材质

01 单击Cinema 4D工具栏中的"克隆"，创建"克隆"对象。创建"球体"对象。设置其半径为3cm，把球体拖动至"克隆"对象，作为子集，设置"克隆"对象的克隆模式为"对象"，把可乐瓶模型拖动到对象下，分布为"表面"，数量为"700"，最后复制3个克隆对象，调节水珠的半径到合适度，如图7-30所示。

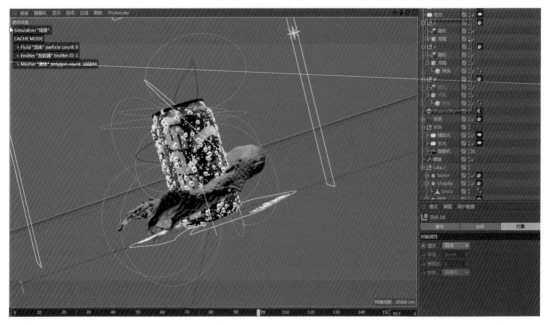

图7-30　创建"克隆"对象　◀◀

02 在界面左下角材质面板中单击"水珠"材质球，在界面右下角属性面板中设置"Index（菲

涅尔反射通道）"和"Medium（介质）"属性。设置"Index（菲涅尔反射通道）"中的
"Index"为1.333，如图7-31所示。

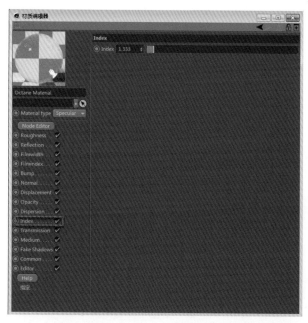

图7-31　设置"Index（菲涅尔反射通道）"属性　◀◀

03 在"Live Viewer 3.07-R2（实时预览3.07-R2）"窗口中单击"Send your scene and Restart
new render（发送场景和重新渲染）"按钮，对"水珠"材质球测试渲染，如图7-32所示。

图7-32　对"水珠"材质球测试渲染　◀◀

5. Cinema 4D渲染设置中设置Octane Renderer

单击"编辑渲染设置"，打开"渲染设置"窗口。设置"渲染器"为"Octane

Renderer（Octane渲染器）"。单击"渲染设置"窗口左侧列表中的"Octane Renderer（Octane渲染器）"，设置窗口右侧面板中的"Render Passes（渲染通道）"标签属性。在属性"File（文件）"中设置渲染输出的图片的存放位置和名称。设置"Format（格式）"为"PNG"。勾选"Beauty passes（Beauty通道）"中的部分输出通道，比如"Reflection（反射）""Refraction（折射）""Shadows（阴影）"等，如图7-33所示。

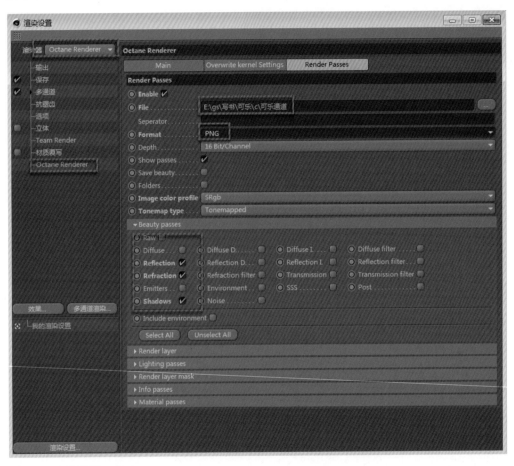

图7-33　渲染设置　◀◀

7.5 Cinema 4D常规渲染输出设置

单击"编辑渲染设置"，打开"渲染设置"窗口。单击"保存"，在窗口右侧的"常规图像"下面勾选"保存"，设置"文件"为常规图像将要渲染输出的存放位置和名称，设置"格式"为"PNG"。在"多通道图像"下面勾选"保存"，设置"文件"为多通道图像将要渲染输出的存放位置和名称，设置"格式"为"PNG"，如图7-34所示。

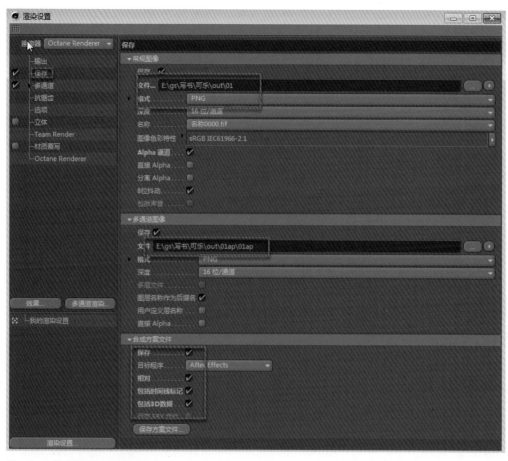

图7-34 保存设置 ◀◀

7.6 后期合成

　　本节在After Effects中讲解合成的基本套路和方法,包括素材叠加、景深模糊、调色、光晕特效等。

1. 素材查看

　　需要首先导入aec文件,包括常规图像、反射、折射、阴影、环境吸收等被导入After Effects合成中,如图7-35所示。

图7-35 导入渲染图像到AE ◀◀

2. 背景底的绘制

01 执行"Layer—New—Sold",如图7-36所示。再执行"Effect—Generate—Cradient Ranp（效果—生成—渐变）",添加在"White Sold（图层—新建—纯色）"图层之上,如图7-37所示。

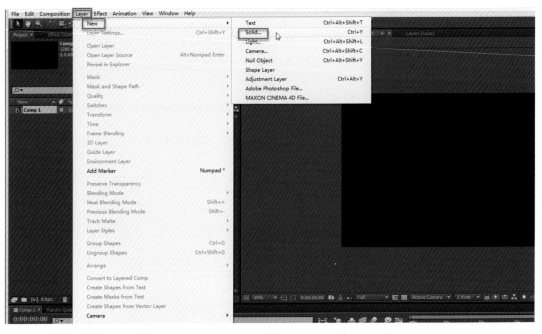

图7-36 创建"纯色" ◀◀

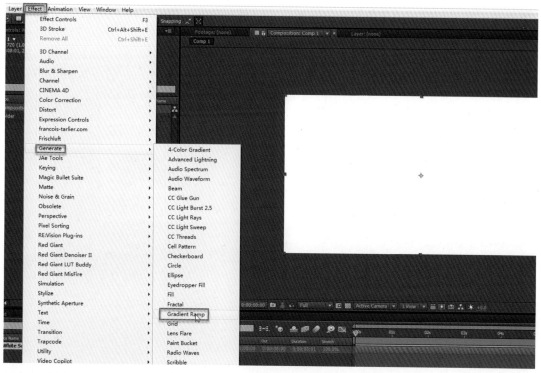

图7-37　添加Gradient Ramp（渐变）　◀◀

02 调节Gradient Ramp（渐变）→Ramp Shape（渐变类型）→Radial Ramp（圆形渐变），具体调节参数如图7-38所示。

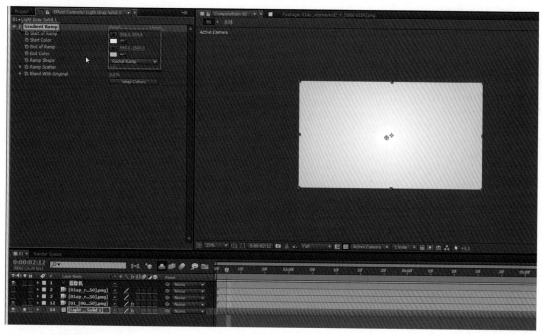

图7-38　创建背景　◀◀

03 执行"图层—新建—纯色"命令，将纯色调节为白色并绘制圆形"Mask"，设置其"Opacity"为"24%"，羽化为"477"，如图7-39所示。

图7-39　调整画面亮度　◀◀

04 执行"图层—新建—调节层"命令，如图7-40所示。

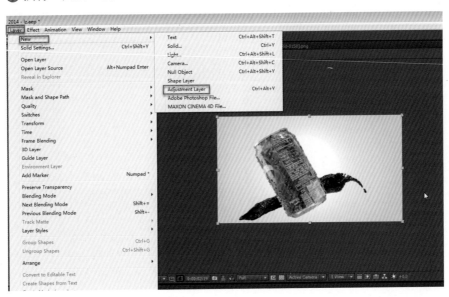

图7-40　创建调节层　◀◀

05 执行"图层—新建—调节层"命令，在其添加"RSMB"，给视频添加运动模糊，增加真实感，如图7-41所示。

图7-41 添加"RSMB" ◀◀

06 执行"Ctrl+M"快捷键即可输出成片，设置"Format（格式）"为QuickTime，"Format Options（格式选项）"为Photo-JPEG，如图7-42所示。

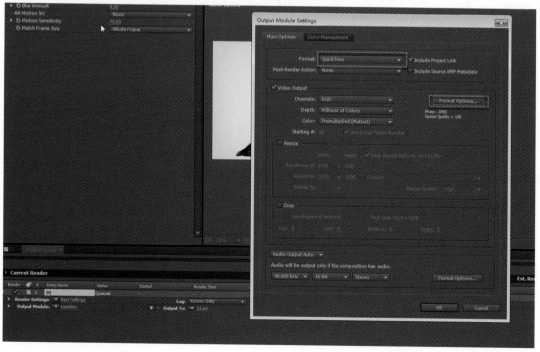

图7-42 渲染设置 ◀◀

7.7 后期配音

将输出后的高清视频再导入After Effects中添加音乐和音效，音乐已经提供，添加技巧见教学配套下载，如图7-43所示。

图7-43 配音工程展示 ◀◀

7.8 本章小结

本章讲解了"RealFlow（模拟流体）"和Octane渲染器渲染与After Effects合成的技法和流程。渲染技法中主要讲解了使用Octane渲染器插件进行布光、渲染设置、材质调节、渲染输出的方法。模拟流体技法中主要讲解了流体生成和场的应用，合成技法中主要讲解了使用After Effects对Octane渲染器渲染输出的多通道图像进行合成的方法。

本案例主要使用了Cinema 4D完成场景搭建，使用Octane渲染器插件完成布光、材质调节、渲染设置、渲染输出等，使用After Effects完成后期合成。由于工作量比较大，还有书籍篇幅的限制，案例中展示了制作的核心过程，完整的制作过程参见随书下载的视频教程。用于渲染的Cinema 4D工程文件以及相应的资源文件，还有后期合成的After Effects工程文件和素材文件会在随书下载中提供。

第 **8** 章

中影华龙线上开播宣传片

▶ 学习要点 ▮

- Octane渲染器布光与渲染设置
- Octane渲染器材质调节
- After Effects静帧合成

8.1 摄像机取景与场景模型搭建

本案例模仿手机屏幕展示的电商风格,制作了宣传定版画面。本案例的制作过程及渲染效果如图8-1所示。完整渲染效果展示如图8-2所示。

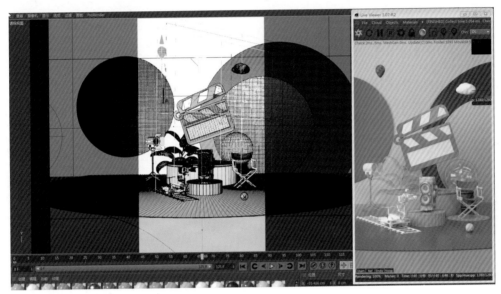

图8-1 案例制作过程及渲染效果 ◄◄

图8-2 完整渲染效果展示 ◄◄

8.1.1 创建和设置摄像机

场景的布局参照在手机界面展示的电商风格，画面分辨率为1080×1920。执行菜单命令"Octane→Live Viewer Window（实时预览窗口）"，打开"Live Viewer 3.07-R2（实时预览3.07-R2）"窗口。执行菜单命令"Objects→Octane Camera"，创建Octane摄像机并设置焦距，如图8-3所示。

图8-3　创建Octane摄像机并设置焦距 ◀◀

8.1.2 场景模型搭建

以搭积木的方式摆放模型，这部分内容并不涉及复杂的技术技巧，这里不再赘述。配套下载里提供模型，如图8-4所示。

图8-4　模型摆放和布置效果 ◀◀

8.2 Octane渲染器布光与渲染设置

01 为了提高渲染测试时的效率，减少渲染时间，首先使用相对精度较低的渲染模式。执行菜单命令"Octane→Live Viewer Window（实时预览窗口）"，打开"Live Viewer 3.07-R2（实时预览3.07-R2）"窗口。单击"Live Viewer 3.07-R2（实时预览3.07-R2）"窗口中的"Settings（设置）"按钮（形状为一个齿轮），打开"Octane Settings（Octane设置）"窗口。点击"Kernels（内核）"标签页，设置第一项属性为"Patchtracing（光线追踪）"，如图8-5所示。

02 继续修改"Octane"的设置，只有这样才能保证渲染器色彩的准确性，如图8-6所示。

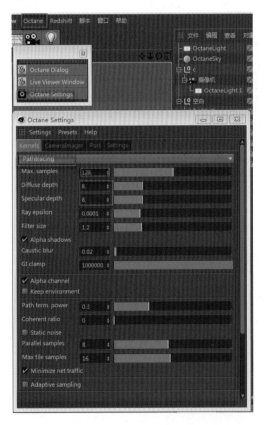

图8-5　测试渲染设置　◀◀

图8-6　修改"Octane"的设置　◀◀

03 执行"Live Viewer 3.07-R2（实时预览3.07-R2）"窗口的菜单命令"Objects→Octane Arealight（对象→Octane面光源）"，创建Octane面光源，在对象浏览器中把新Octane面光源命名为"顶光"。在Cinema 4D视图窗口中将"顶光"放置于场景模型的上部，如图8-7所示。

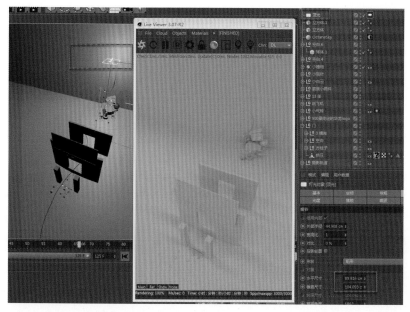

图8-7 创建"顶光" ◀◀

04 点击Octane面光源"顶光"的标签"Octane LightTag（Octane灯光标签）"，在属性面板中鼠标左键框选"Light settings（灯光设置）"和"Visibility（可见性）"，调整"Power（强度）"为6，参数设置如图8-8所示。

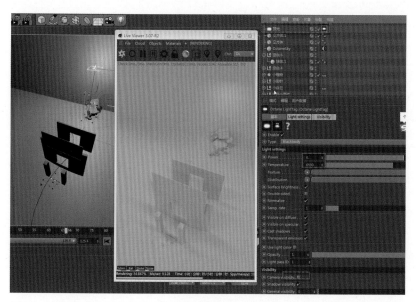

图8-8 设置面光源"顶光"的标签 ◀◀

05 执行"Live Viewer 3.07-R2（实时预览3.07-R2）"窗口的菜单命令"Objects→Octane Arealight（对象→Octane面光源）"，创建Octane面光源，在对象浏览器中把新Octane面光源命名为"总光"。在Cinema 4D视图窗口中将"总光"放置于场景模型的上部，如图8-9所示。

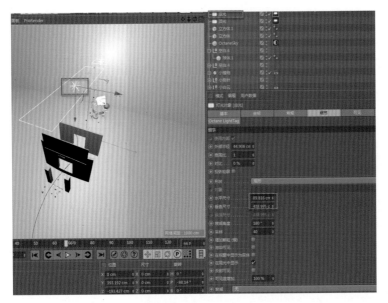

图8-9 创建"总光" ◀◀

06 点击Octane面光源"总光"的标签"Octane LightTag（Octane 灯光标签）"，在属性面板中鼠标左键框选"Light settings（灯光设置）"和"Visibility（可见性）"，调整"Power（强度）"为4，参数设置如图8-10所示。

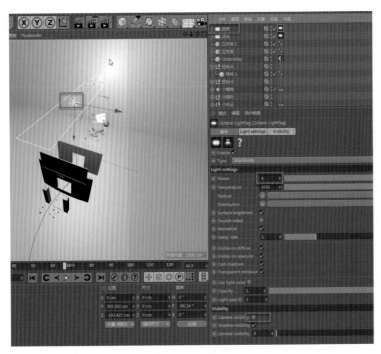

图8-10 设置面光源"总光"的标签 ◀◀

07 同理执行"Live Viewer 3.07-R2（实时预览3.07-R2）"窗口的菜单命令"Objects→Octane Arealight（对象→Octane面光源）"，创建Octane面光源，在对象浏览器中把新

Octane面光源命名为"侧光"。在Cinema 4D视图窗口中将"侧光"放置于场景模型的上部，如图8-11所示。

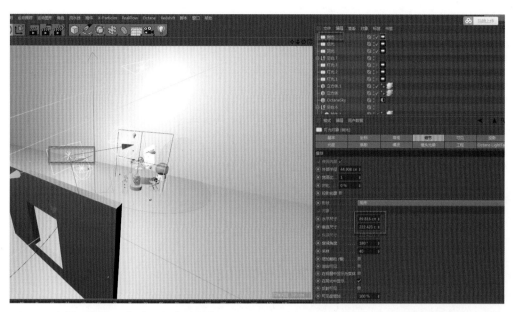

图8-11　设置"侧光"位置和尺寸　◀◀

⑧ 点击Octane面光源"侧光"的标签"Octane LightTag（Octane灯光标签）"，在属性面板中鼠标左键框选"Light settings（灯光设置）"和"Visibility（可见性）"，调整"Power（强度）"为3，参数设置如图8-12所示。

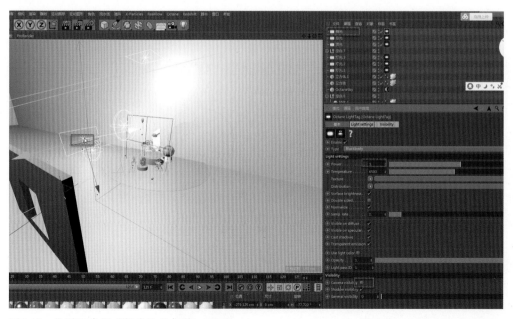

图8-12　设置面光源"侧光"的标签　◀◀

⑨ 最后，创建两盏补光，执行"Live Viewer 3.07-R1（实时预览3.07-R1）"窗口的菜单命

令"Objects→Octane Arealight（对象→Octane面光源）"，创建两盏Octane面光源，在对象浏览器中把新Octane面光源命名为"补光01"和"补光02"。在Cinema 4D视图窗口中将两盏灯光放置于场景模型的侧面，如图8-13所示。

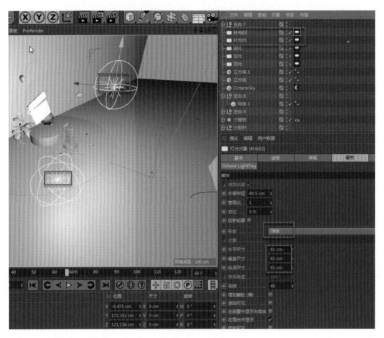

图8-13　创建"补光01"和"补光02" ◀◀

⑩ 点击Octane面光源补光的标签"Octane LightTag（Octane灯光标签）"，在属性面板中鼠标左键框选"Light settings（灯光设置）"和"Visibility（可见性）"，调整"Power（强度）"分别为2和3，参数设置如图8-14和图8-15所示。

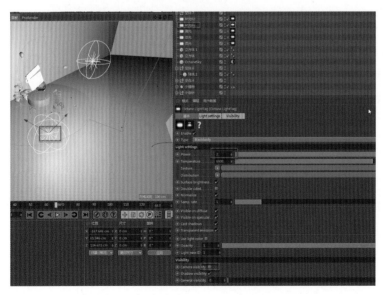

图8-14　设置"补光01"标签 ◀◀

图8-15　设置"补光02"标签　◀◀

⓫ 在"Live Viewer 3.07-R2（实时预览3.07-R2）"窗口中单击"Send your scene and Restart new render（发送场景和重新渲染）"按钮，对场景进行渲染测试，如图8-16所示。

图8-16　对场景进行渲染测试　◀◀

8.3 Octane渲染亚克力材质、玻璃材质和木纹材质

　　本案例中讲解了常见的材质效果的调节，比如在视频包装行业中经常用到的亚克力材质和玻璃材质。虽然在场景中有很多材质球，但基本上只有两种材质，如前文提到的亚克力材质和玻璃材质，这里由于篇幅的原因，只对其中几个模型进行调节，详情可观看配套下载。

8.3.1 创建与调节地面材质球

　　01 在"Live Viewer 3.07-R2（实时预览3.07-R2）"窗口中执行菜单命令"Materials→Octane Glossy Material（材质→Octane光泽材质）"，在界面左下角的材质面板中出现一个Octane材质球，双击材质球，打开"材质编辑器"窗口，将材质球缩略图下面的材质名称修改为"地面材质"。用鼠标左键拖动"地面材质"材质球到界面右上方的对象浏览器中的"地面"对象上，在"地面"对象右侧生成材质纹理标签，如图8-17所示。

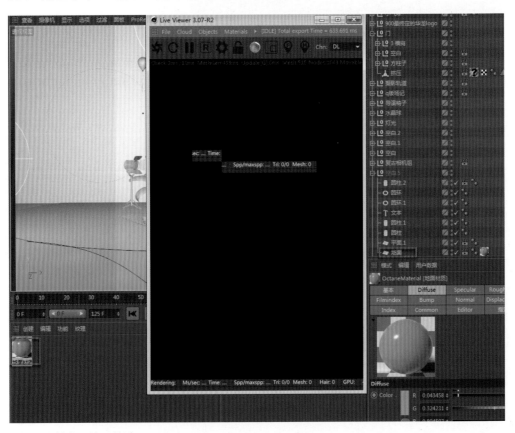

图8-17　创建"地面材质" ◀◀

⓶ 双击"地面"材质球，打开"材质编辑器"窗口，设置"Diffuse（漫反射通道）"属性，单击"Color"右侧色块，打开"颜色拾取器"对话框。设置H为206°，S为74%，V为90%。设置金属颜色为浅蓝色，如图8-18所示。

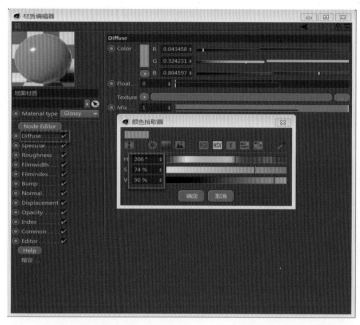

图8-18　设置"地面材质"　◀◀

⓷ 在"材质编辑器"窗口中设置"Index（菲涅尔反射通道）"属性。设置"Index（索引值）"为1.390029，如图8-19所示。

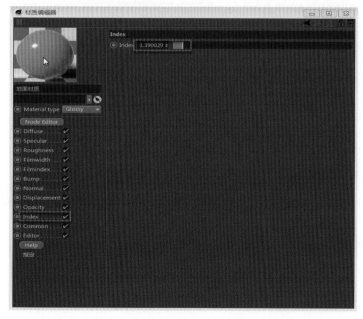

图8-19　设置"Index（菲涅尔反射通道）"属性　◀◀

04 在"材质编辑器"窗口中设置"Roughness（粗糙度通道）"属性。设置"Float（浮点数）"为0.075。设置材质有明显的模糊反射效果，如图8-20所示。

05 在"Live Viewer 3.07-R2（实时预览3.07-R2）"窗口中单击"Send your scene and Restart new render（发送场景和重新渲染）"按钮，对"地面材质"材质球测试渲染，如图8-21所示。

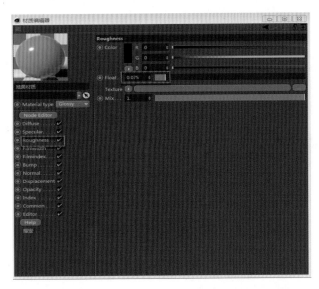

图8-20　设置"Roughness（粗糙度通道）"属性　◀◀

图8-21　对"地面材质"材质球测试渲染　◀◀

8.3.2 创建与调节背景材质球

01 在"Live Viewer 3.07-R2（实时预览3.07-R2）"窗口中执行菜单命令"Materials→Octane Glossy Material（材质→Octane光泽材质）"，在界面左下角的材质面板中出现一个Octane材质球，双击材质球，打开"材质编辑器"窗口，将材质球缩略图下面的材质名称修改为"背景材质"。用鼠标左键拖动"背景材质"材质球到界面右上方的对象浏览器中的背景模型对象上，在模型右侧生成材质纹理标签，如图8-22所示。

02 单击"背景材质"材质球，在界面右下角属性面板中设置"Diffuse（漫反射通道）""Index（菲涅尔反射通道）"和"Roughness（粗糙度通道）"属性。设置"Diffuse（漫反射通道）"中的R为0.246201，G为0.533276，B为1。设置"Index（菲涅尔反射通道）"中的"Index"为1.314。设置"Roughness（粗糙度通道）"中的"Float"为0.090634。这样得到材质效果为：颜色为浅蓝色，有明显的模糊反射效果，如图8-23所示。

03 在"Live Viewer 3.07-R2（实时预览3.07-R2）"窗口中单击"Send your scene and Restart new render（发送场景和重新渲染）"按钮，对场景材质球测试渲染。背景部分明显反射了灯光、周边的场景模型和"OctaneSky（Octane天空）"对象的HDR贴图，如图8-24所示。

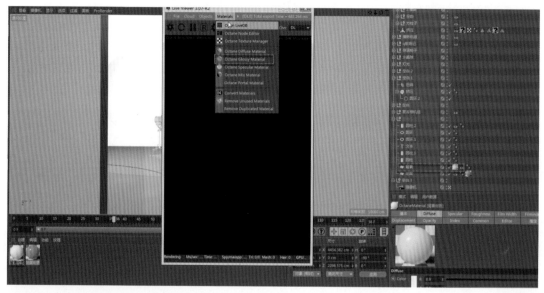

图8-22 创建"背景材质" ◀◀

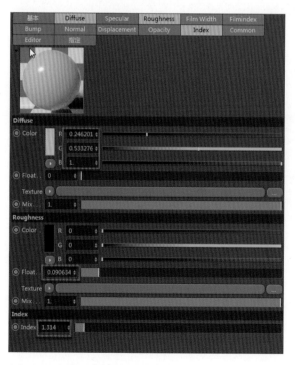

图8-23 设置"背景材质" ◀◀

图8-24 对场景材质球测试
渲染 ◀◀

8.3.3 Octane水晶球材质与Octane木纹材质调节

在"Live Viewer 3.07-R2（实时预览3.07-R2）"窗口中执行菜单命令"Materials→Octane Specular Material（材质→Octane镜面材质）"，在界面左下角的材质面板中出现一个Octane材质球，双击材质球，打开"材质编辑器"窗口，将材质球缩略图下面的材质名称修改为"水晶球"。用鼠标左键拖动"水晶球"材质球到界面右上方的对象浏览器中的"水晶球"模型上，在"水晶球"右侧生成材质纹理标签，如图8-25所示。

图8-25　创建"水晶球"材质 ◀◀

1. 创建玻璃材质球

在界面左下角材质面板中单击"水晶球"材质球，在界面右下角属性面板中设置"Index（菲涅尔反射通道）"和"Medium（介质）"属性。设置"Index（菲涅尔反射通道）"中的"Index"为2.129032。测试效果为干净、透明的晶体效果，有较强折射和反射效果，如图8-26所示。

图8-26　测试效果 ◀◀

2. 创建木纹材质和连接节点

① 创建木纹材质，添加节点控制。在"Live Viewer 3.07-R2（实时预览3.07-R2）"窗口中执行菜单命令"Materials→Octane Diffuse Material（材质→Octane漫反射材质）"，在界面左下角的材质面板中出现一个Octane材质球，双击材质球，打开"材质编辑器"窗口，将材质球缩略图下面的材质名称修改为"木纹材质"。用鼠标左键拖动"木纹"材质球到界面右上方的对象浏览器中的模型上，在"木纹底座"右侧生成材质纹理标签，如图8-27所示。

② 此时，再分别加载提供好的贴图在"Diffuse（漫反射通道）"和normal（法线），如图8-28所示。

图8-27　创建"木纹材质"　◀◀

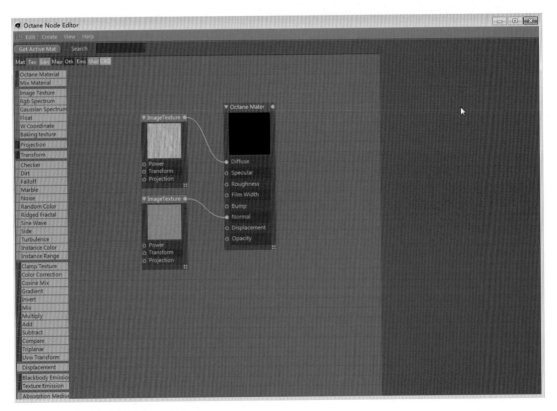

图8-28　设置"木纹材质"　◀◀

03 在"Live Viewer 3.07-R2（实时预览3.07-R2）"窗口中单击"Send your scene and Restart new render（发送场景和重新渲染）"按钮，对材质进行渲染测试，如图8-28所示。

图8-29　对材质进行渲染测试 ◀◀

8.4　摄像机动画

01 在对象浏览器中单击"摄像机"，创建"空白"对象作为"摄像机"的父集对象，将"摄影机"的焦距设置为"105"，分别在第0帧和第50帧，在属性面板中为属性"坐标→P.X""坐标→P.Y""坐标→P.Z""坐标→R.H""坐标→R.P"和"坐标→R.B"设置关键帧动画。第0帧时设置"坐标→P.X"为0cm，"坐标→P.Y"为66cm，"坐标→P.Z"为-951.992cm。第50帧时设置"坐标→P.X"为0cm，"坐标→P.Y"为66cm，"坐标→P.Z"为-532.226cm，之后在"时间线窗口"窗口中可以看到该属性的动画曲线，将动画曲线调节为如图8-30所示。

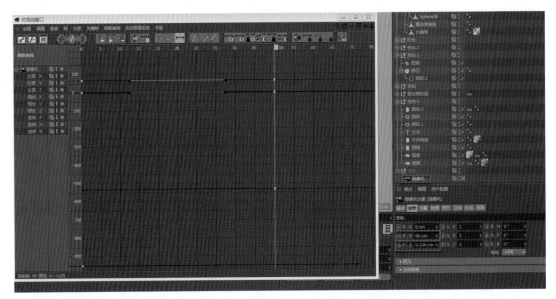

图8-30 "摄影机"及其动画曲线 ◀◀

⓶ 接着设置"空白"对象，分别在第0帧和第125帧，在属性面板中为属性"坐标→P.X""坐标→P.Y""坐标→P.Z""坐标→R.H""坐标→R.P"和"坐标→R.B"设置关键帧动画。第0帧时设置"坐标→P.X"为0cm，"坐标→P.Y"为0cm，"坐标→P.Z"为327.682cm。第125帧时设置"坐标→P.X"为0cm，"坐标→P.Y"为66cm，"坐标→P.Z"为329.482cm，之后在"时间线窗口"窗口中可以看到该属性的动画曲线，将动画曲线调节为如图8-31所示。

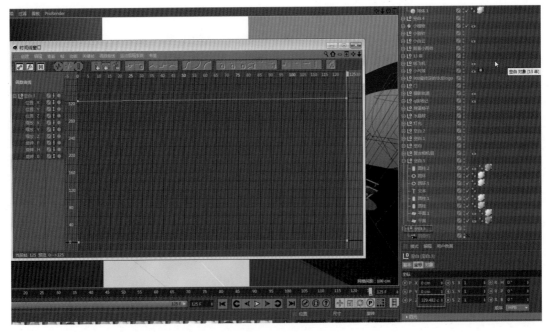

图8-31 设置"空白"对象及其动画曲线 ◀◀

8.5 Cinema 4D常规渲染输出设置

01 单击"编辑渲染设置",打开"渲染设置"窗口。设置"渲染器"为"Octane Renderer（Octane渲染器）"。单击"渲染设置"窗口左侧列表中的"Octane Renderer（Octane渲染器）",设置窗口右侧面板中的"Render Passes（渲染通道）"标签属性。在属性"File（文件）"中设置渲染输出的图片的存放位置和名称。设置"Format（格式）"为"PNG"。勾选"Beauty passes（Beauty通道）"中的部分输出通道,比如"Diffuse（漫反射）""Reflection（反射）""Shadows（阴影）"等,如图8-32所示。

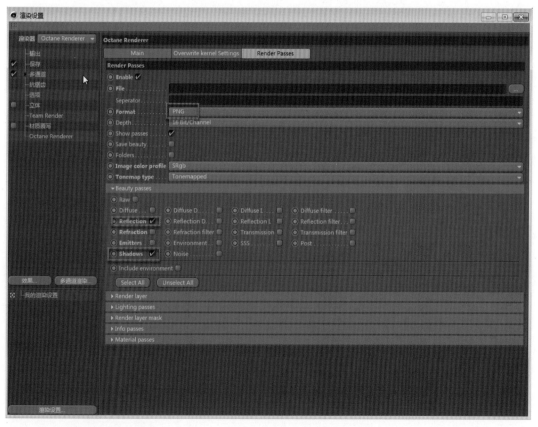

图8-32 渲染输出设置 ◀◀

02 单击"编辑渲染设置",打开"渲染设置"窗口。单击"保存",在窗口右侧的"常规图像"下面勾选"保存",设置"文件"为常规图像将要渲染输出的存放位置和名称,设置"格式"为"PNG"。在"多通道图像"下面勾选"保存",设置"文件"为多通道图像将要渲染输出的存放位置和名称,设置"格式"为"PNG"。同时保存"aec"文件到输出文件夹,如图8-33所示。

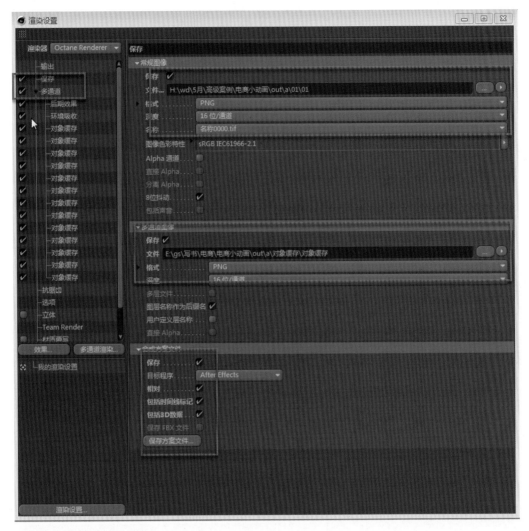

图8-33 多通道设置 ◀◀

8.6 后期合成

　　本节在After Effects中讲解合成的基本套路和方法，包括素材叠加、景深模糊、调色、光晕特效等。

① 需要首先导入aec文件，包括常规图像、反射、折射、阴影、环境吸收等被导入After Effects合成当中，如图8-34所示。

② 关于对象缓存的输出和使用，是为了给单独的物体调节其在画面中的亮度、色彩等信息，配套下载的对应章节有详细的演示，这里受篇幅限制不再赘述。

③ 执行"图层—新建—纯色"命令，把纯色调节为纯黑色，并画"Mask"，设置其不透明度

为"12%"，羽化为"422"，如图8-35所示。

图8-34　素材在AE中的展示 ◀◀

图8-35　暗角绘制 ◀◀

04 执行"Ctrl+M"快捷键即可输出成片，设置"格式"为QuickTime，"格式选项"为Photo-JPEG。最后，选择所要输出的文件位置，如图8-36所示。

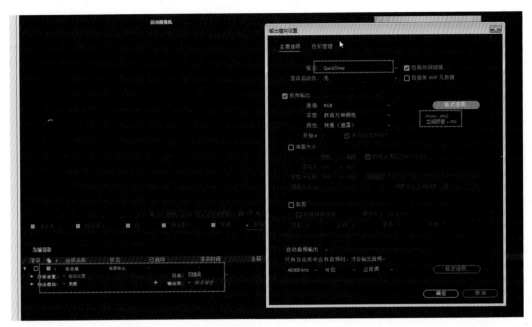

图8-36　输出设置　◀◀

8.7　后期配音

　　将输出后的高清视频再导入AE中添加音乐和音效，音乐已经提供，添加技巧见教学配套下载，如图8-37所示。

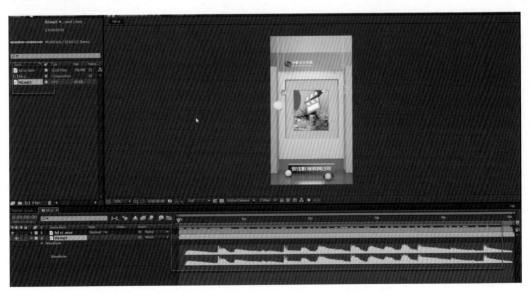

图8-37　配音工程展示　◀◀

8.8 本章小结

本章讲解了场景的Octane渲染器渲染与After Effects合成的技法和流程。渲染技法中主要讲解了使用Octane渲染器插件进行布光、渲染设置、材质调节、渲染输出的方法。合成技法中主要讲解了使用After Effects对Octane渲染器渲染输出的多通道图像进行合成的方法。本章内容贯穿了视频包装工作中常见的三维制作和后期合成的制作流程。

第 **9** 章

黑夜场景（放逐）Octane渲染

▶ 本章导读 ▮

本案例主要使用了Cinema 4D完成场景搭建，使用Octane渲染器插件完成布光、材质调节、渲染设置、渲染输出等，使用After Effects完成后期合成。由于工作量比较大，还有书籍篇幅的限制，案例中展示了制作的核心过程，完整的制作过程参见随书下载的视频教程。用于渲染的Cinema 4D工程文件以及相应的资源文件，还有后期合成的After Effects工程文件和素材文件会在随书下载中提供。

▶ 学习要点 ▮

- Octane渲染器布光与渲染设置
- Octane渲染器材质调节
- After Effects静帧合成

9.1 创作灵感与初衷

笔者对《枪火》《放逐》十分喜欢，特意制作了本作品，同时也想和同行、学友们共同分享一些学习心得和制作经验，所以将此章纳入此书。

此作品的夜晚气氛，在打光上需要一定技巧以及有一定难度。希望读者有所收获。

该作品使用Octane渲染器进行渲染，其中主要原因是使用它能够提高效率和增强效果。Octane渲染器以其快捷的设置和逼真的渲染效果著称，越来越多的三维视频制作人员选择使用Octane渲染器完成制作。此案例着重讲解了如何使用Octane渲染多种类型的材质效果，包括车漆、水渍地面、发光灯箱、自发光物体等。

为了能够快速完成该案例的合成，使用After Effects进行合成。案例中对Cinema 4D渲染输出的多通道图片进行合成、调色、光效的处理，内容适合于同时使用三维软件和后期合成软件的制作人员学习，效果如图9-1所示。

图9-1　案例效果　◀◀

9.2 关于模型搭建

模型一部分是由笔者自己创建，另一部分来源于网络免费资源，因为是材质案例，所以对模型部分就不再讲解，用于渲染的Cinema 4D工程文件以及相应的资源文件，还有后期合成的After Effects工程文件和素材文件会在随书下载中提供。

9.3 摄像机取景与场景模型搭建

9.3.1 创建与设置摄像机

01 场景的画面比为宽银幕电影比率，画面分辨率为2048×857。执行菜单命令"Octane→Live Viewer Window（实时预览窗口）"，打开"Live Viewer 3.07-R2（实时预览3.07-R2）"窗口。执行菜单命令"Objects→Octane Camera"，创建Octane摄像机，如图9-2所示。

图9-2　创建Octane摄像机　◀◀

02 需要一个镜头畸变比较小的视角，减小画面透视效果，所以需要提高摄像机的焦距。单击Octane摄像机"摄像机1"，在界面右下角属性面板中设置属性"对象→焦距"为135，如图9-3所示。

图9-3　设置Octane摄像机焦距　◀◀

9.3.2　场景模型搭建

渲染白模效果如图9-4所示。

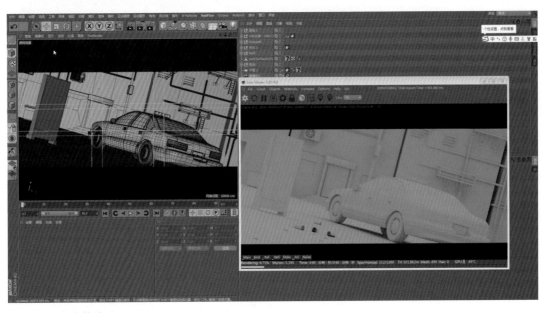

图9-4　渲染白模效果　◀◀

9.4 Octane渲染器布光与渲染设置

1. 渲染测试设置

⓵ 为了提高渲染测试时的效率，减少渲染时间，首先使用相对精度较低的渲染模式。执行菜单命令"Octane→Live Viewer Window（实时预览窗口）"，打开"Live Viewer 3.07-R2（实时预览3.07-R2）"窗口。单击"Live Viewer 3.07-R2（实时预览3.07-R2）"窗口中的"Settings（设置）"按钮（形状为一个齿轮），打开"Octane Settings（Octane设置）"窗口。点击"Kernels（内核）"标签页，设置第一项属性为"Directlighting（直接照明）"，如图9-5所示。

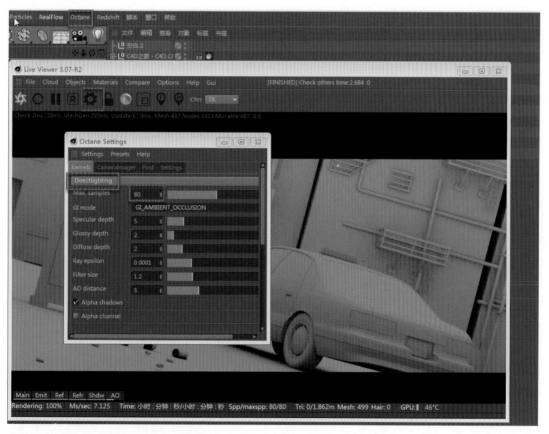

图9-5 精度较低渲染模式设置 ◄◄

⓶ 在"Octane Settings（Octane设置）"窗口中设置"Settings（设置）"标签页下面的"Env.（环境）"标签页属性。把"Env.color（环境颜色）"设置为黑色，如图9-6所示。

图9-6 设置"Env.color"属性 ◄◄

03 在没有灯光和环境的情况下，单击"Octane→Live Viewer 3.07R2（实时预览窗口）"的"Send your scene and Restart new render（发送场景和重新渲染）"按钮，进行渲染测试，如图9-7所示。

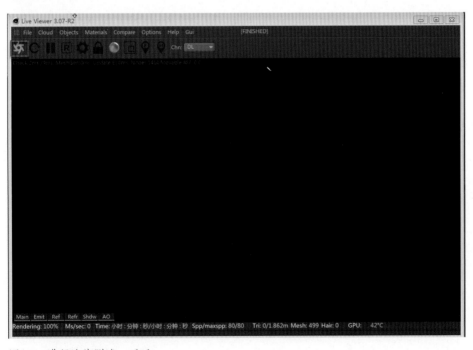

图9-7 进行渲染测试 ◄◄

2. 灯光布置

整个场景为夜晚场景，几乎全部的灯光使用发光的广告牌作为灯光源，调节发光的广告牌，部分灯光放在后文讲解，在这里灯光只起到补光的作用。

9.5 Octane渲染器插件的多种材质球调节

本案例中讲解了一些写实类材质效果的调节。

9.5.1 创建与调节广告牌材质球

01 在"Live Viewer 3.07-R2（实时预览3.07-R2）"窗口中执行菜单命令"Materials→Octane Diffuse Material（材质→Octane漫反射材质）"，在界面左下角的材质面板中出现一个Octane材质，双击材质球，打开"材质编辑器"窗口，将材质球缩略图下面的材质名称修改为"广告牌"。用鼠标左键拖动"广告牌"材质球到界面右上方的对象浏览器中的"管道"对象上，在"价格表"对象右侧生成材质纹理标签，如图9-8所示。

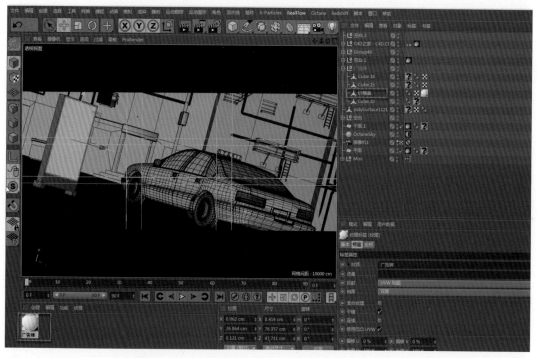

图9-8 创建广告牌材质 ◄◄

02 双击"广告牌"材质球，打开"材质编辑器"窗口，设置"Emission（发光通道）"属性，单击"Texture emission"右侧色块，打开"Texture emission"，设置"Power"为1.5，设置"Surface brightness"为勾选模式，如图9-9所示。

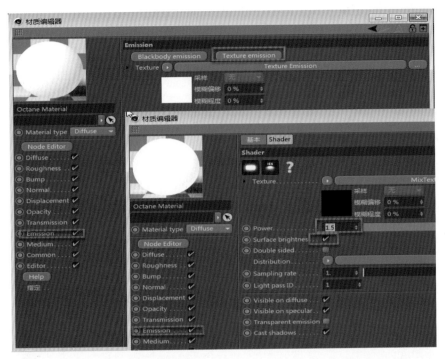

图9-9　设置"广告牌"材质球　◀◀

03 在"Texture"中加载"价格表"贴图，如图9-10所示。渲染效果如图9-11所示。

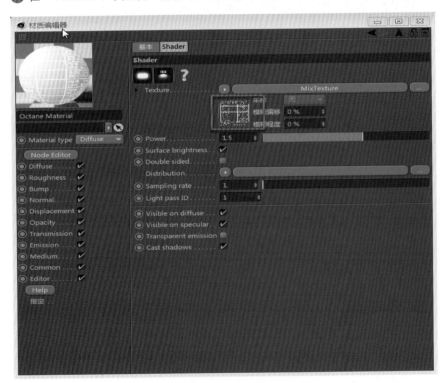

图9-10　加载"Texture""价格表"贴图　◀◀

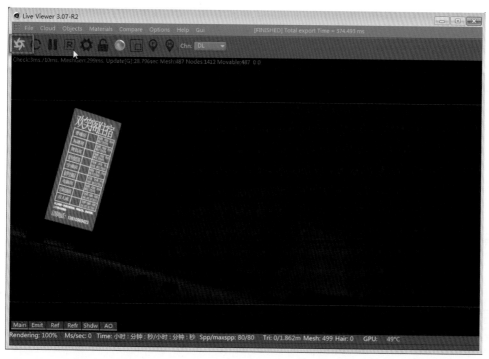

图9-11　渲染效果　◀◀

04 同理复制一个"广告牌"材质球，重命名为"门头发光牌"。打开"材质编辑器"窗口，设置"Emission（发光通道）"属性，单击"Texture emission"右侧色块。打开"Texture emission"，设置"Power"为1，设置"Surface brightness"为勾选模式，如图9-12所示。

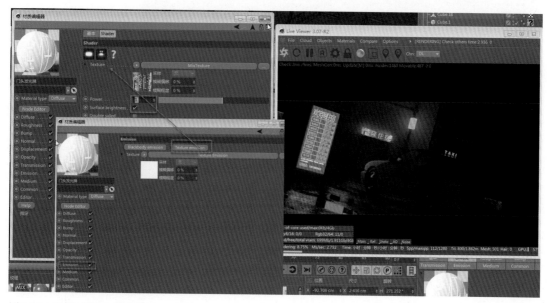

图9-12　设置"门头发光牌"　◀◀

05 在"Texture"中加载"门头材质"贴图，如图9-13所示。渲染效果如图9-14所示。

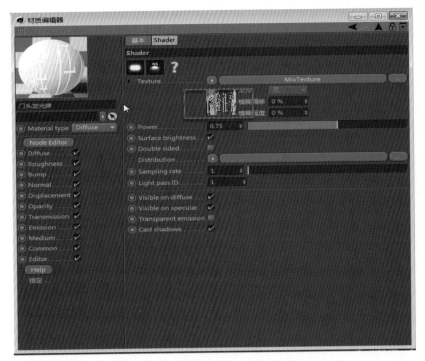

图9-13 加载"Texture""门头材质"贴图 ◀◀

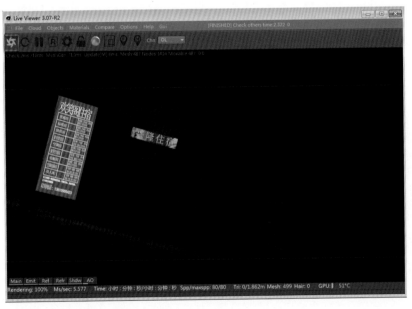

图9-14 渲染效果 ◀◀

06 同理，设置所有发光广告牌，如图9-15所示。

图9-15　设置所有发光广告牌 ◀◀

9.5.2 局部光源布置与渲染测试

01 首先布置主光源，执行"Live Viewer 3.07-R2（实时预览3.07-R2）"窗口的菜单命令"Objects→Octane Arealight（对象→Octane面光源）"，创建Octane面光源，在对象浏览器中将新Octane面光源重命名为"左侧光源"。因为Octane面光源的大小会影响照明的范围和亮度，所以需要对其尺寸做适当调整。在对象浏览器中点击选中Octane面光源"左侧光源"，点击属性面板中的"细节"标签，设置"水平尺寸"为539cm，"垂直尺寸"为200cm，如图9-16所示。

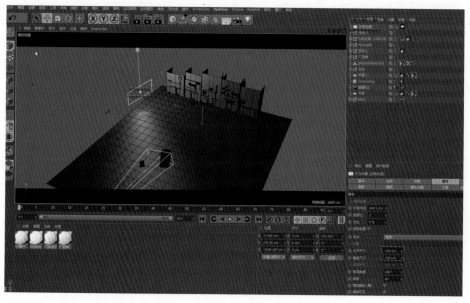

图9-16　创建"左侧光源"和设置其尺寸大小 ◀◀

02 点击"左侧光源"的标签"Octane LightTag（Octane灯光标签）"，在其属性面板中点击"Light settings（灯光设置）"，调整"Power"为2，"Distribution"的颜色为红色，去选"Camera visibility（摄像机可见性）"，去选"Shadow visibility（阴影可见性）"，使该灯光产生较弱的照明，色温偏红，如图9-17所示。

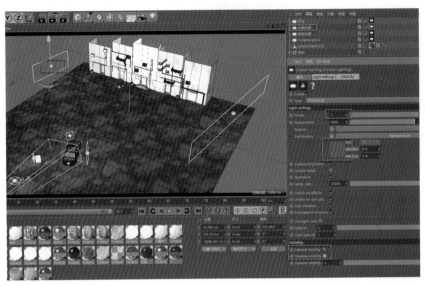

图9-17 设置灯光 ◀◀

03 同理设置右侧光源，执行"Live Viewer 3.07-R2（实时预览3.07-R2）"窗口的菜单命令"Objects→Octane Arealight（对象→Octane面光源）"，创建Octane面光源，在对象浏览器中把新Octane面光源重命名为"右侧光源"。因为Octane面光源的大小会影响照明的范围和亮度，所以需要对其尺寸做适当调整。在对象浏览器中点击选中Octane面光源"正面投影光"，点击属性面板中的"细节"标签，设置"水平尺寸"为1532cm，"垂直尺寸"为200cm，如图9-18所示。

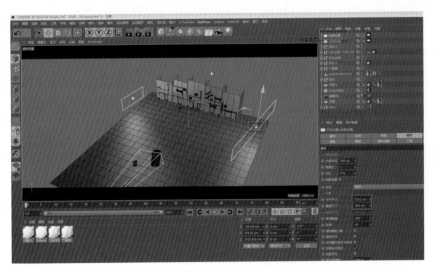

图9-18 创建"右侧光源"和设置其尺寸大小 ◀◀

04 点击"右侧光源"的标签"Octane LightTag（Octane灯光标签）"，在其属性面板中点击"Light settings（灯光设置）"，调整"Power"为2，Distribution的颜色为蓝色，去选"Camera visibility（摄像机可见性）"，去选"Shadow visibility（阴影可见性）"，使该灯光产生较弱的照明，色温偏蓝，如图9-19所示。

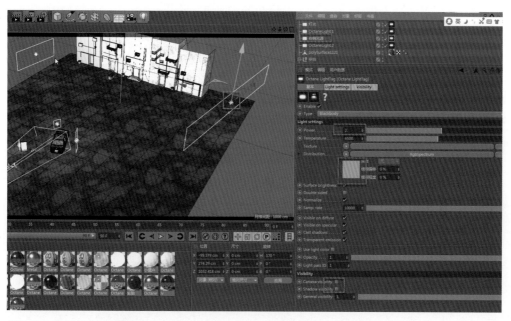

图9-19　设置灯光　◀◀

05 单击"Octane→Live Viewer 3.07R2（实时预览窗口）"的"Send your scene and Restart new render（发送场景和重新渲染）"按钮，测试渲染，如图9-20所示。

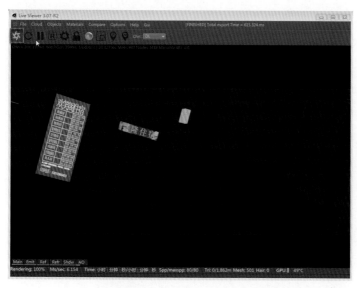

图9-20　测试渲染　◀◀

9.5.3 创建与调节水渍地面材质球

01 在"Live Viewer 3.07–R2（实时预览3.07–R2）"窗口中执行菜单命令"Materials→Octane Glossy Material（材质→Octane光泽材质）"，在界面左下角的材质面板中出现一个Octane材质球，双击材质球，打开"材质编辑器"窗口，将材质球缩略图下面的材质名称修改为"水渍地面"。用鼠标左键拖动"地面"材质球到界面右上方的对象浏览器中的面具模型对象上，在模型右侧生成材质纹理标签，如图9-21所示。

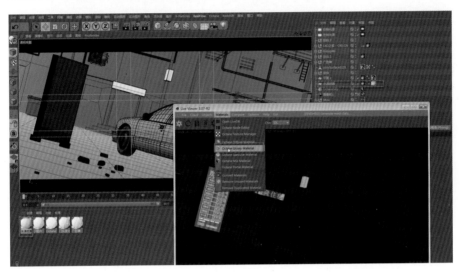

图9-21　创建"水渍地面"材质球　◀◀

02 单击"水渍地面"材质球，在界面右下角属性面板中设置"Diffuse（漫反射通道）""Specular（反射通道）""Roughness（粗糙度通道）"等属性。设置"Diffuse（漫反射通道）"加载"zs02_2K_Albedo.jpg"水渍贴图，如图9-22所示。

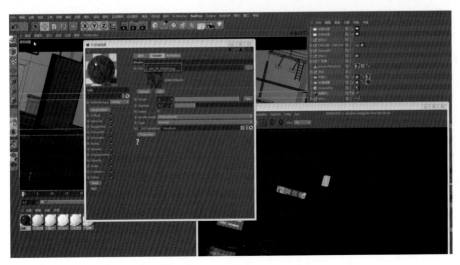

图9-22　设置"Diffuse（漫反射通道）"　◀◀

03 单击"水渍地面"材质球，在界面右下角属性面板中设置"Specular（反射通道）"，设置"Specular（反射通道）"加载"zs02_2K_Gloss.jpg"水渍贴图。设置"Gamma（亮度）"值为"1.46"，如图9-23所示。

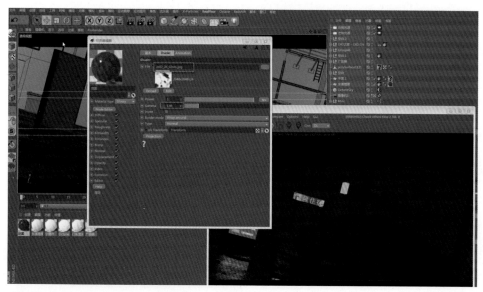

图9-23 设置"Specular"（反射通道） ◀◀

04 单击"水渍地面"材质球，在界面右下角属性面板中设置"Roughness（粗糙度通道）"，设置"Roughness（粗糙度通道）"加载"zs02_2K_Roughness.jpg"水渍贴图。设置"Gamma（亮度）"值为"4.7"，如图9-24所示。

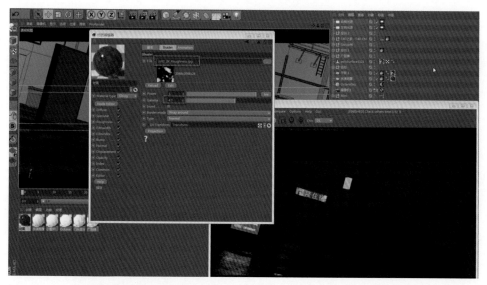

图9-24 设置"Roughness"（粗糙度通道） ◀◀

05 单击"水渍地面"材质球，在界面右下角属性面板中设置"Normal（法线通道）"，设置"Normal（法线通道）"加载"zs02_2K_Normal.jpg"水渍贴图。设置"Power（强度）"

值为"0.15",如图9-25所示。

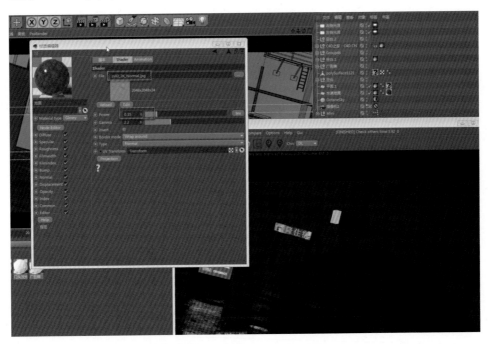

图9-25　设置"Normal"(法线通道)　◀◀

⑥ 单击"水渍地面"材质球,在界面右下角属性面板中设置"Displacement(置换通道)",设置"Displacement(置换通道)"加载"zs02_2K_Displacement.jpg"水渍贴图。设置"Power(强度)"值为"1",如图9-26所示。

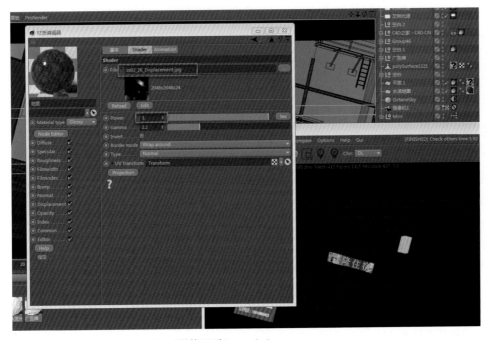

图9-26　设置"Displacement"(置换通道)　◀◀

07 单击"水渍地面"材质球，在界面右下角属性面板设置"Displacement（置换通道）"、设置"Displacement（置换通道）"加载"zs02_2K_Displacement.jpg"水渍贴图。设置"Power（强度）"值为"3"，如图9-27所示。

图9-27　加载"zs02_2K_Displacement.jpg"水渍贴图　◀◀

08 最终效果如图9-28所示。

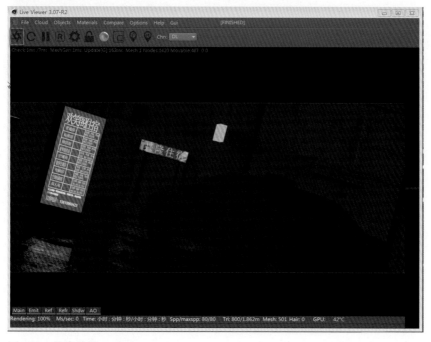

图9-28　最终效果　◀◀

9.5.4 创建与设置建筑墙面材质球

⓵ 在"Live Viewer 3.07-R2（实时预览3.07-R2）"窗口中执行菜单命令，"Materials→Octane Glossy Material（材质→Octane光泽材质）"，在界面左下角的材质面板中出现一个Octane材质球，双击材质球，打开"材质编辑器"对话框，将材质球缩略图下面的材质名称修改为"墙面"。用鼠标左键拖动"墙面"材质球到界面右上方的对象浏览器中的墙面模型对象上，在模型右侧生成材质纹理标签，如图9-29所示。

图9-29　创建"建筑墙面" ◀◀

⓶ 单击"墙面材质"材质球，在界面右下角属性面板中设置"Diffuse（漫反射通道）""Roughness（粗糙度通道）""Bump（法线通道）"等属性。设置"Diffuse（漫反射通道）"加载"Concrete_wall_01_2K_Base_Color.png"墙面贴图，如图9-30所示。

⓷ 单击"墙面材质"材质球，在界面右下角属性面板中设置"Roughness（粗糙度通道）"，设置"Roughness（粗糙度通道）"加载"Dirt_dust_01_3K.png"水渍贴图。设置"Power（强度）"值为1.1，"Gamma（亮度）"值为"2.11"，如图9-31所示。

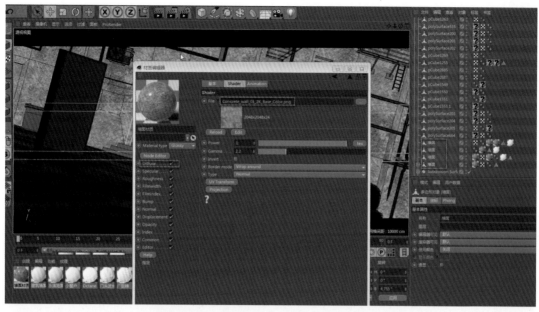

图9-30　设置"Diffuse（漫反射通道）" ◀◀

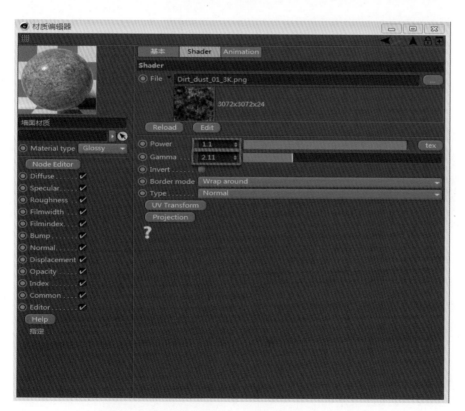

图9-31　设置"Roughness（粗糙度通道）" ◀◀

⒁ 单击"墙面材质"材质球，在界面右下角属性面板中设置"Bump（凹凸通道）"，设置"Bump（凹凸通道）"加载"Dirt_dust_01_3K.png"水渍贴图。设置"Power（强度）"值

为"0.157"，"Gamma（亮度）"值为"7.4"，如图9-32所示。

图9-32　设置"Bump（凹凸通道）"参数　◀◀

⑤ 最终效果如图9-33所示。

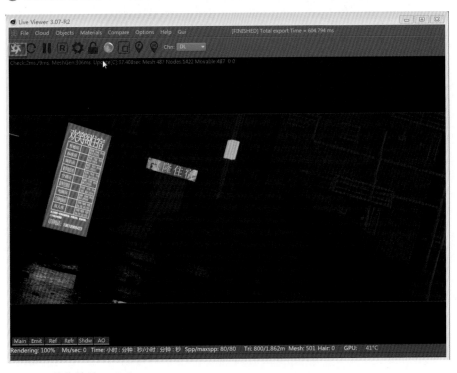

图9-33　最终效果　◀◀

9.5.5 创建与设置车漆材质球

01 在"Live Viewer 3.07-R2（实时预览3.07-R2）"窗口中执行菜单命令"Materials→Octane Glossy Material（材质→Octane光泽材质）"，在界面左下角的材质面板中出现一个Octane材质球，双击材质球，打开"材质编辑器"窗口，将材质球缩略图下面的材质名称修改为"车漆基础材质"。用鼠标左键拖动"车漆基础材质"材质球到界面右上方的对象浏览器中的车体模型对象上，在模型右侧生成材质纹理标签，如图9-34所示。

图9-34 创建"车漆基础材质" ◀◀

02 单击"车漆基础"材质球，在界面右下角属性面板中设置"Diffuse（漫反射通道）""Specular（反射通道）""Index（菲涅尔反射通道）""Roughness（粗糙度通道）"等属性。设置"Diffuse（漫反射通道）"中的R为0.010888，G为0.877649，B为0.073805。设置"Specular（反射通道）"中的R为0.071055，G为0.877649，B为0.060656。设置"Index（菲涅尔反射通道）"中的"Index"为2.252199。设置"Roughness（粗糙度通道）"中的"Float"为0.02。设置"Bump（凹凸通道）"加载"rustmetal-scratch.jpg"贴图，这样得到金色金属的材质效果为：颜色为墨绿色，反射和高光颜色为浅绿，有较强反射效果，有明显的模糊反射效果，如图9-35所示。

03 接着设置车漆的反射层，单击"车漆反射"材质球，在界面右下角属性面板中设置"Diffuse（漫反射通道）""Specular（反射通道）""Index（菲涅尔反射通道）""Roughness（粗糙度通道）"等属性。设置"Diffuse（漫反射通道）"中的R为0，G为0，B为0。设置"Specular（反射通道）"中的R为0，G为0，B为0。设置"Index（菲涅尔反射通道）"中的"Index"为6.85044。设置"Bump（凹凸通道）"加载"rustmetal-scratch.jpg"贴图，这样得到一个强反射材质，效果如图9-36所示。

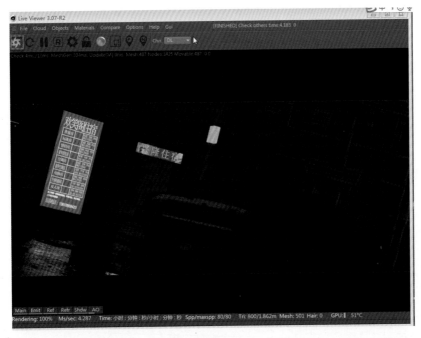

图9-35 设置"车漆基础"材质球 ◀◀

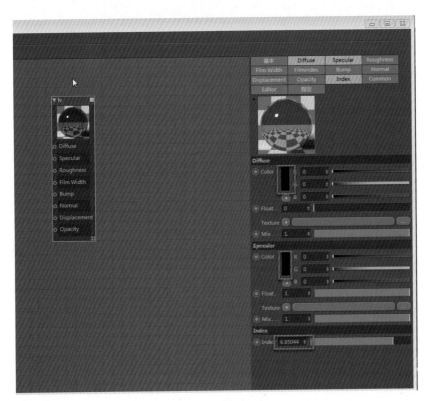

图9-36 "车漆基础"材质的各个通道设置 ◀◀

04 接着创建混合材质球，重命名为"车漆完整材质"，拖动给"车体"，并且把"车漆反射"材质和"车漆基础"给混合材质的"material 1"和"material 2"，设置其"Amount（数量）"为0.15，效果如图9-37所示。

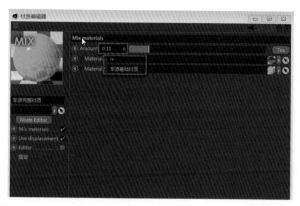

图9-37　车漆混合材质设置 ◀◀

9.5.6　创建与设置车窗玻璃材质球

01 在"Live Viewer 3.07-R2（实时预览3.07-R2）"窗口中执行菜单命令"Materials→Octane Specular Material（材质→Octane透明材质）"，在界面左下角的材质面板中出现一个Octane材质球，双击材质球，打开"材质编辑器"窗口，将材质球缩略图下面的材质名称修改为"车窗玻璃"。用鼠标左键拖动"车窗玻璃"材质球到界面右上方的对象浏览器中的车窗户模型对象上，在模型右侧生成材质纹理标签，如图9-38所示。

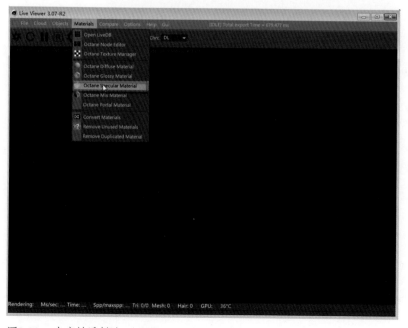

图9-38　玻璃材质创建 ◀◀

02 单击"水渍地面"材质球，在界面右下角属性面板中设置"Roughness（粗糙度通道）"，设置"Roughness（粗糙度通道）"的"Power（强度）"值为0.001，如图9-39所示。

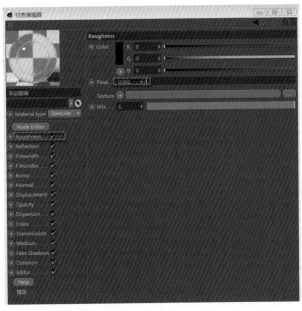

图9-39　设置玻璃材质　◀◀

03 在"Live Viewer 3.07-R2（实时预览3.07-R2）"窗口中单击"Send your scene and Restart new render（发送场景和重新渲染）"按钮，进行渲染测试，效果如图9-40所示。

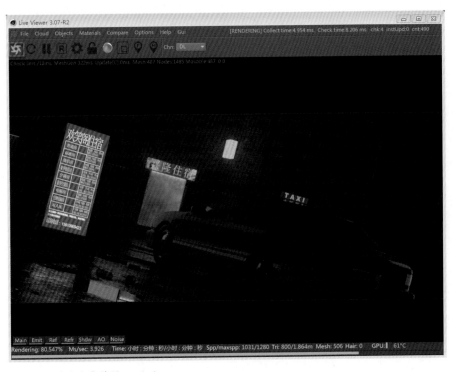

图9-40　测试渲染效果　◀◀

9.6 渲染输出

9.6.1 Octane渲染模式设置与对象标签

在制作过程中一直使用Directlighting（直接照明）模式进行渲染测试，在输出之前，需要切换为更高的Octane渲染模式。单击"Live Viewer 3.07-R2（实时预览3.07-R2）"窗口中的Settings（设置）按钮，打开"Octane Settings（Octane设置）"窗口，单击"Kernels（内核）"下面的第一个属性，修改为"Pathtracing（光线追踪）"模式。设置"Max. samples（最大采样）"为2048，默认设置为16000。为了能够节省渲染时间，将最大采样参数降低，如果读者需要更好、更精致的效果，则可以将该参数设置得更高，如图9-41所示。

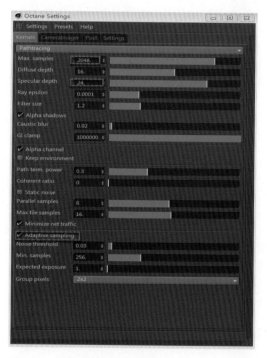

图9-41　正式渲染设置　◀◀

9.6.2 Cinema 4D常规渲染输出设置

1. 保存与输出

单击"编辑渲染设置"，打开"渲染设置"窗口。单击"保存"，在窗口右侧的"常规图像"下面勾选"保存",设置"文件"为常规图像将要渲染输出的存放位置和名称,设置"格式"为"PNG"。在"多通道图像"下面勾选"保存",设置"文件"为多通道图像将要渲染输出的存放位置和名称,设置"格式"为"PNG",如图9-43所示。

图9-42　保存图像尺寸设置　◀◀

2. 渲染输出到指定路径

单击"渲染到图片查看器"按钮,图片被渲染到渲染设置"保存"中的指定的路径,如图9-43所示。

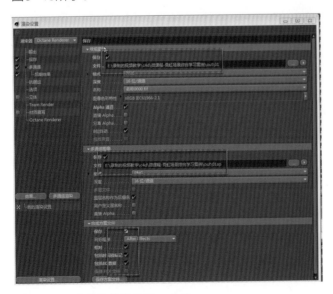

图9-43　aec文件的输出设置　◀◀

9.7 后期合成

本节在After Effects中讲解合成的基本套路和方法，包括素材叠加、景深模糊、调色、光晕特效等。

01 素材查看，需要首先导入aec文件，包括常规图像、反射、折射、阴影、环境吸收等被导入AE合成当中，如图9-44所示。

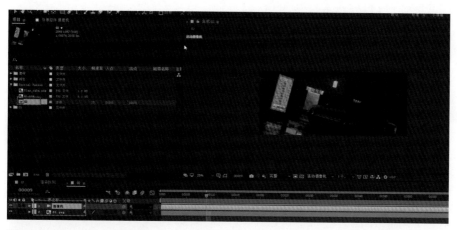

图9-44　After Effects时间线展示 ◄◄

02 将需要单独调整的元素对象，使用渲染好的对象缓存通道单独分离出来，以便于单独调整和控制，以"地面"为例，导入常规图像"地面对象缓存.png"和"基本图像.png"，将上述两个图像放入该合成，将"地面对象缓存.png"放置在"基本图像.png"的上层，设置"基本图像.png"图层的"TrkMat"属性为"亮度"。用"基本图像.png"层作为"地面.pn"的亮度遮罩，使视图中只有地面元素显示，如图9-45所示。

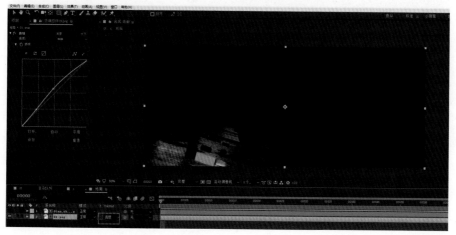

图9-45　对象缓存通道应用设置 ◄◄

⑩ 在地面合成组上，添加"曲线"特效调节到适合的亮度，如图9-46所示。

图9-46　添加"曲线"特效　◀◀

⑩ 创建"调整图层"，重命名为"颜色校正"，在其图层上添加"Lumetri 颜色"，如图9-47所示。

图9-47　添加"Lumetri"特效　◀◀

⑩ 设置"Lumetri颜色"的参数，如图9-48所示。

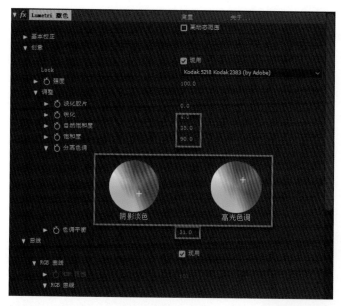

图9-48　设置"Lumetri"的参数　◀◀

06 设置"Lumetri"的曲线和色轮，如图9-49所示。

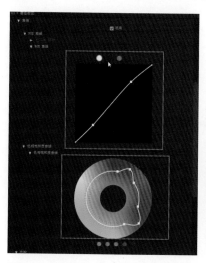 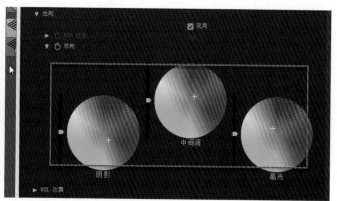

图9-49　设置"Lumetri"的曲线和色轮　◀◀

07 执行"Ctrl+Alt+S"快捷键即可输出图片，并设置"格式"为"JPEG序列"。最后，选择要输出的文件位置，如图9-50所示。

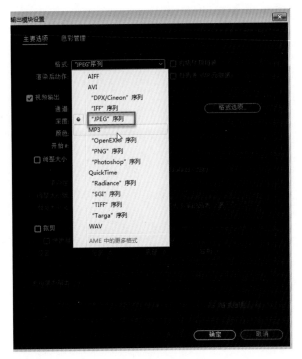

图9-50　After Effects输出设置 ◀◀

9.8　本章小结

　　本章讲解了Octane渲染器渲染与After Effects合成的技法和流程，在Cinema 4D中摆放模型和摄像机设置。渲染技法中主要讲解了使用Octane渲染器插件进行布光、渲染设置、材质调节、渲染输出的方法。合成技法中主要讲解了使用After Effects对Octane渲染器渲染输出的多通道图像进行合成的方法。本章内容涵盖了静帧创作中常见的三维制作和后期合成的制作流程。

第·**10**·章

中影华龙魔法学院
片头

▶ 本章导读 ▌

本章主要讲解了"中影华龙魔法学院"案例。案例中用Cinema 4D完成模型搭建和摄影机运动动画，用Octane渲染器插件完成材质和灯光，用After Effects完成后期合成。案例包括两个镜头，镜头的Cinema 4D工程文件、After Effects工程文件和合成素材，在随书下载中提供。

▶ 学习要点 ▌

● 钥匙样条路径挤压建模
● 三维运动图形动画与摄像机动画
● Octane渲染器的布光和材质
● 后期合成

10.1 钥匙模型制作与摆放布置

本部分讲解了钥匙模型的创建和第二镜头场景的摆放方法，绘制曲线使用挤压效果生成器生成钥匙模型，如图10-1所示。本案例中的模型素材在随书下载中已提供，其他部分的建模步骤可参看配套下载视频教学录像。用Octane渲染器渲染的镜头的效果如图10-2所示。

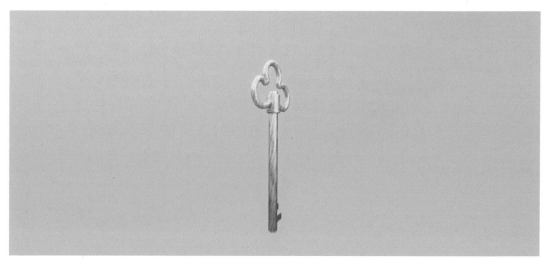

图10-1　第一个钥匙镜头展示　◀◀

图10-2　第二个落版镜头展示　◀◀

01 绘制路径，钥匙参考图已提供在对应的素材下载中。首先为顶视图导入钥匙参考图片，视窗设置快捷键为Shift+V，如图10-3所示。使用Cinema 4D画笔工具，在右视图中沿参考图绘制路径，绘制结果如图10-4所示。

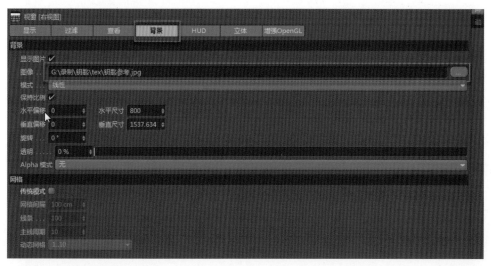

图10-3 绘制视图设置 ◀◀

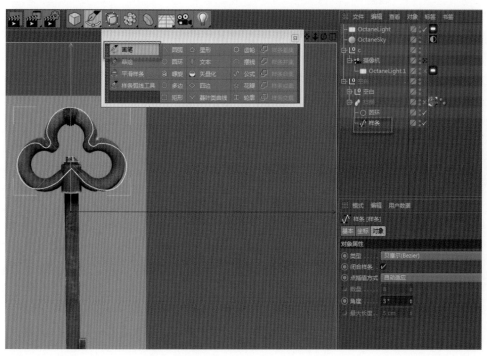

图10-4 使用画笔工具绘制路径 ◀◀

02 经过对绘制路径的调整，再次添加圆环对象，设置"对象→半径"为8cm，如图10-5所示。将"样条"和"圆环"对象设置为"扫描"对象的子集，此时梅花状的钥匙柄模型制作完毕，如图10-6所示。

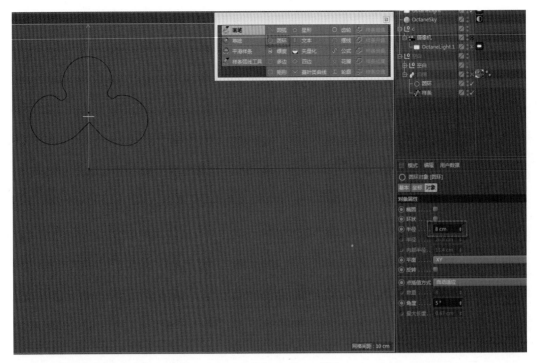

图10-5　创建添加圆环对象　◀◀

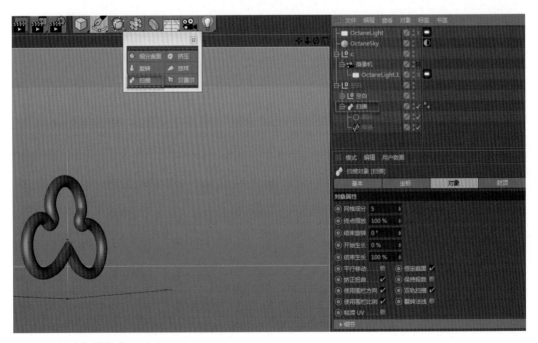

图10-6　创建扫描物体　◀◀

⓷ 接着制作钥匙棍，模型全部用基础模型制作，以搭建积木的方法，根据梅花状的钥匙柄，判断各个部件的大小，如图10-7所示。

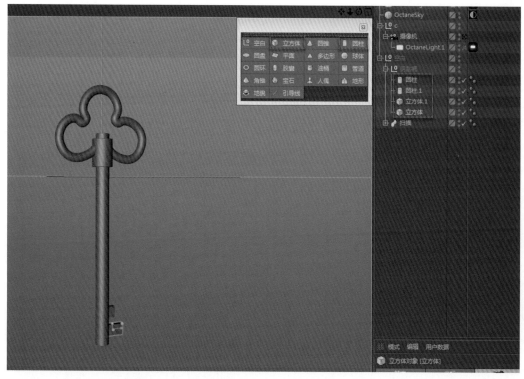

图10-7　制作钥匙棍 ◀◀

10.2　Octane渲染器渲染钥匙材质

10.2.1　测试渲染设置

01 为了提高渲染测试时的效率，减少渲染时间，首先使用相对精度较低的渲染模式。执行菜单命令"Octane→Live Viewer Window（实时预览窗口）"，打开"Live Viewer 3.07-R2（实时预览3.07-R2）"窗口。单击"Live Viewer 3.07-R2（实时预览3.07-R2）"窗口中的"Settings（设置）"按钮（形状为一个齿轮），打开"Octane Settings（Octane设置）"窗口。点击"Kernels（内核）"标签页，设置第一项属性为"Patchtracing（光线追踪）"，如图10-8所示。

02 继续修改"Octane"的设置，只有这样才能保证渲染器色彩的准确性，如图10-9所示。

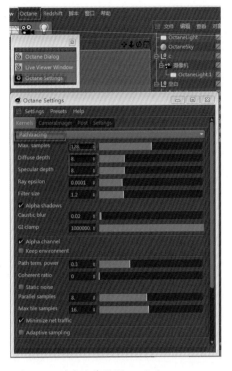

图10-8　测试渲染设置　◀◀　　　　　　　　　　图10-9　测试渲染设置相机　◀◀

03 环境设置与布光。在"Live Viewer 3.07–R2（实时预览3.07–R2）"窗口中执行菜单命令"Objects→Hdri Environment（对象→Hdri环境）"，在对象浏览器中生成"OctaneSky（Octane天空）"对象，单击该对象右侧的"Environment Tag（环境标签）"，在界面右下角属性面板中，可以看到属性"Main→Texture（贴图）"的右侧有一个长按钮，如图10–10所示。

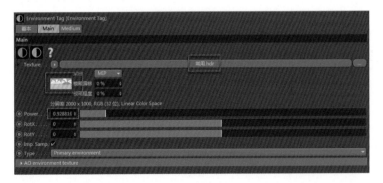

图10-10　为"Environment Tag（环境标签）"加载HDR贴图　◀◀

04 布置主光源，执行"Live Viewer 3.07–R2（实时预览3.07–R2）"窗口的菜单命令"Objects→Octane Arealight（对象→Octane面光源）"，创建Octane面光源，在对象浏览器中将新Octane面光源重命名为"顶部投影光"。在Cinema 4D视图窗口中将"顶部投影光"放置于钥匙正顶方。因为Octane面光源的大小会影响照明的范围和亮度，所以需要对其尺寸做适当调整。在对象浏览器中点击选中Octane面光源"正面投影光"，点击属性面板中的"细节"标签,设置"水平尺寸"为428cm,"垂直尺寸"为194cm,如图10-11所示。

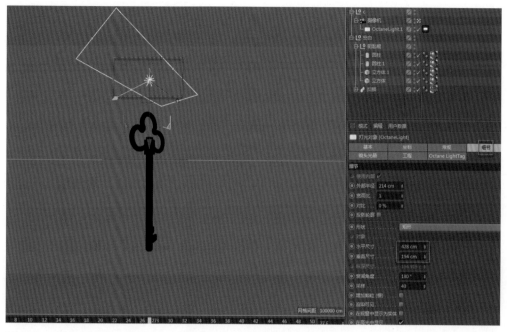

图10-11 创建和摆放"顶部光" ◀◀

⑤ 在对象浏览器中点击Octane顶部光源"正面投影光"的标签"Octane LightTag(Octane 灯光标签)",在属性面板中鼠标左键框选"Light settings(灯光设置)"和"Visibility(可见性)",调整"Power(强度)"为3,"Temperature(温度)"为"6500",选中"Camera visibility(摄像机可见性)",使该灯光强度适中,色温默认,该灯光摄像机渲染不可见,如图10-12所示。

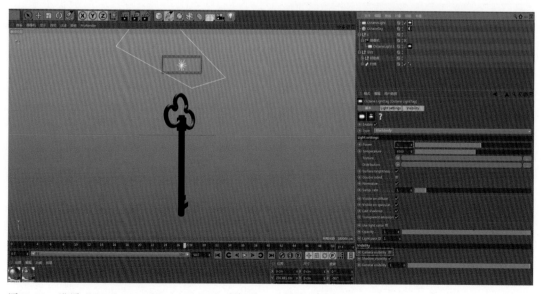

图10-12 设置"Octane LightTag(Octane灯光标签)"属性 ◀◀

⑥ 在"Live Viewer 3.07-R2（实时预览3.07-R2）"窗口中单击"Send your scene and Restart new render（发送场景和重新渲染）"按钮，进行布光后的渲染测试，如图10-13所示。

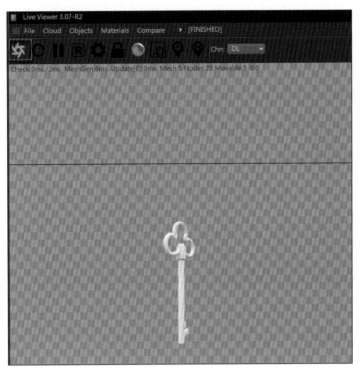

图10-13　进行布光后的渲染测试　◀◀

10.2.2　Octane金属材质调节

下面主要讲解如何调节钥匙模型的金属材质。

① 执行"Live Viewer 3.07-R2（实时预览3.07-R2）"窗口的菜单命令"Materials（材质）→Octane Node Editor（Octane节点编辑器）"。打开"Octane Node Editor（Octane节点编辑器）"窗口，拖动一个"ImageTexture"节点，添加贴图纹理"钥匙纹理"，分别连接给"粗糙度Roughness"和"凹凸Bump"通道，这样就会有凹凸和粗糙度效果，关闭Diffuse通道，把高光通道的颜色调节为"44、75、96"，再将"Index（索引）"调节为6。此时梅花状钥匙柄的材质调节完成，如图10-14所示。

② 接着调节钥匙棍的材质，执行"Live Viewer 3.07-R1（实时预览3.07-R1）"窗口的菜单命令"Materials（材质）→Octane Node Editor（Octane节点编辑器）"，打开"Octane Node Editor（Octane节点编辑器）"窗口。关闭Diffuse通道，将高光通道的颜色调节为"44、75、96"，再将"Index（索引）"调节为6.7，拖动一个"ImageTexture"节点，添加粗糙度纹理链接到"粗糙度Roughness"通道，"RgbSpectrum（红绿蓝光谱）"节点。调节"Shader（着色器）→Color（颜色）"为黄色，如图10-15所示。此时钥匙棍的材质调节完成。

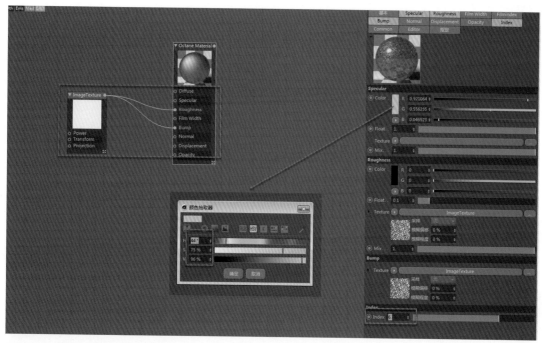

图10-14 调节钥匙柄材质 ◀◀

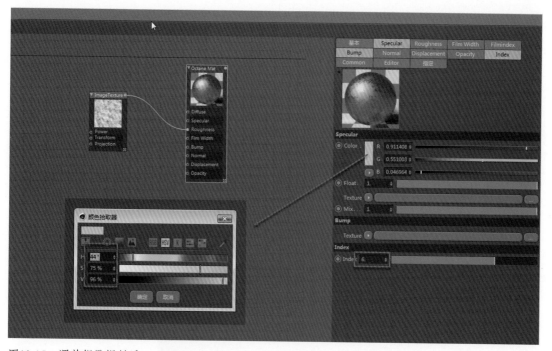

图10-15 调节钥匙棍材质 ◀◀

03 单击"Octane→Live Viewer Window（实时预览窗口）"的"Send your scene and Restart new render（发送场景和重新渲染）"按钮，渲染测试金属材质效果，如图10-16 所示。

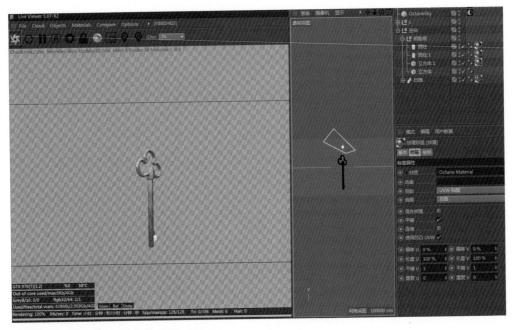

图10-16　渲染测试金属材质效果　◀◀

10.3　第一个镜头的摄像机动画

01 在对象浏览器中单击"摄像机"，创建摄像机，并设置焦距为12。再在对象浏览器中单击"空白对象"，默认坐标为"0，0，0"，将创建好的摄像机拖入其子集下，如图10-17所示。

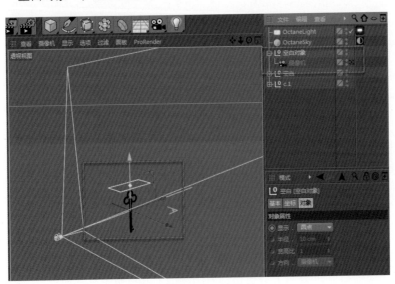

图10-17　创建"空白对象"　◀◀

⑫ 在对象浏览器中单击"摄像机"，设置焦距为"12"，并创建空白物体，其默认坐标为"0，0，0"，如图10-18所示。

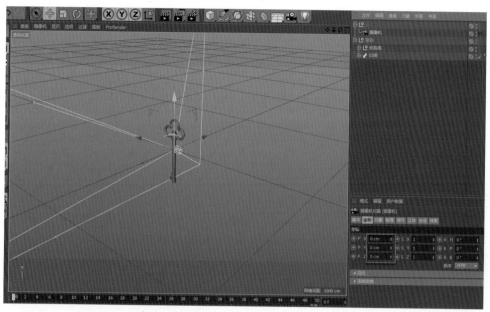

图10-18 "空白对象"的关键帧 ◀◀

⑬ 在对象浏览器中单击"摄像机"，分别在第0、12、50帧，在属性面板中，为属性"坐标→P.Z"设置关键帧动画。第0帧时"坐标→P.Z"为-830.818，第12帧时"坐标→P.Z"为-753.818cm，第50帧时"坐标→P.Z"为17.83cm。之后在"时间线窗口"窗口中可以看到该属性的动画曲线，将动画曲线调节为如图10-19所示。

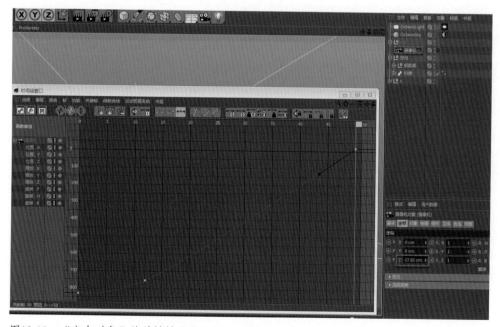

图10-19 "空白对象"的关键帧曲线（1）◀◀

⓸ 设置空白对象的旋转值，在对象浏览器中单击"空物体"，同样分别在第0、12、50帧，在属性面板中，为属性"坐标→H"设置关键帧动画。第0帧时"坐标→R.H"为-90°，第12帧时"坐标→R.H"为-90°，50帧时"坐标→R.H"为0°。之后在"时间线窗口"窗口中可以看到该属性的动画曲线，将动画曲线调节为如图10-20所示。

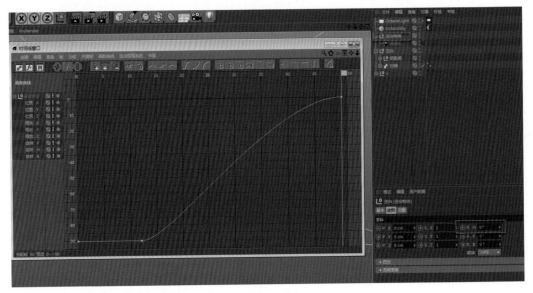

图10-20　"空白对象"的关键帧曲线（2）◀◀

⓹ 设置在钥匙的Z轴方向上的位移，在对象浏览器中单击"钥匙组"，同样分别在第12、50帧，在属性面板中，为属性"坐标→P.Y"设置关键帧动画。第12帧时"坐标→P.Y"为135.214cm，第50帧时"坐标→P.Y"为-27.786cm，之后在"时间线窗口"窗口中可以看到该属性的动画曲线，将动画曲线调节为如图10-21所示。

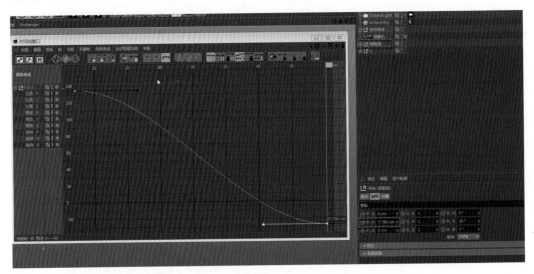

图10-21　"空白对象"的关键帧曲线（3）◀◀

这时第一个镜头已经制作完毕，等待输出。

10.4 第二个镜头的材质调节与摄像机动画

10.4.1 灯光布置

01 首先布置主光源，执行"Live Viewer 3.07-R2（实时预览3.07-R2）"窗口的菜单命令"Objects→Octane Arealight（对象→Octane面光源）"，创建Octane面光源，在对象浏览器中将新Octane面光源重命名为"主光源"。在Cinema 4D视图窗口中将"主光源"放置于主物体的左前方。因为Octane面光源的大小会影响照明的范围和亮度，所以需要对其尺寸做适当调整。在对象浏览器中点击选中Octane面光源"主光源"，点击属性面板中的"细节"标签，设置"水平尺寸"为6577cm，"垂直尺寸"为2128cm，如图10-22所示。

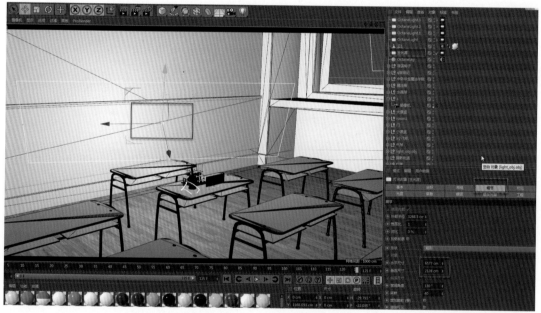

图10-22 创建"主光源"并进行设置 ◀◀

02 同理，在模型窗户位置放置4盏灯光，用来模拟户外的光线和补光的作用，将Power值均设置为5，如图10-23所示。

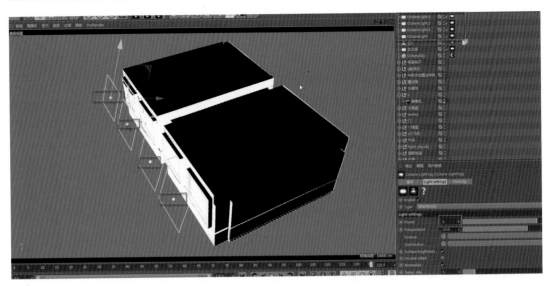

图10-23 窗户灯光设置 ◀◀

03 单击"Octane→Live Viewer Window（实时预览窗口）"的"Send your scene and Restart new render（发送场景和重新渲染）"按钮，渲染测试灯光，如图10-24所示。

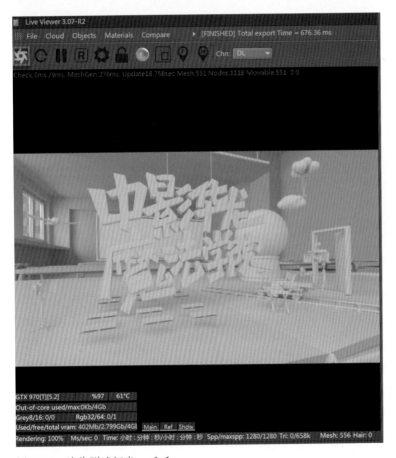

图10-24 渲染测试灯光 ◀◀

10.4.2 Octane材质调节

01 调节"中影华龙魔法学院"落版文字的材质，执行"Live Viewer 3.07-R2（实时预览3.07-R2）"窗口的菜单命令"Materials（材质）→Octane Node Editor（Octane节点编辑器）"，打开"Octane Node Editor（Octane节点编辑器）"窗口。将Diffuse通道s、h、v通道的颜色调节为"200、94、100"，将"粗糙度Roughness"通道调节为"0.36"。再复制一个材质，作为文字的倒角材质，如图10-25所示。此时落版文字材质调节完成，Diffuse通道s、h、v通道的颜色调节为白色。添加到模型上，设置其材质选集为"R1"。同样操作把材质添加给卡通场记板，如图10-26所示。

图10-25　文字材质调节 ◀◀

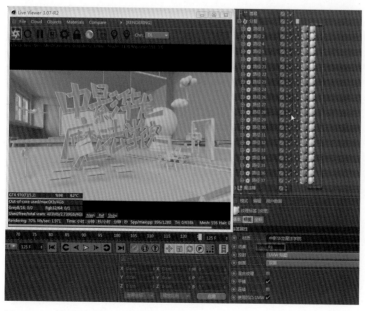

图10-26　材质赋予和选集设置 ◀◀

⓶ 对于其他模型的材质，落版文字的调节方法与调节"落版文字"基本一个思路，大多只是改变了漫反射通道的颜色而已，这里不再赘述。整体调节效果如图10-27所示。

图10-27　整体调节效果　◀◀

⓷ 魔法球木纹材质的调节如图10-28所示。

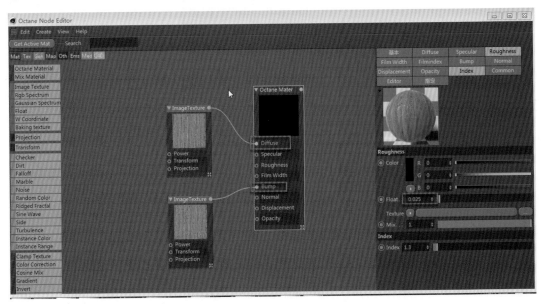

图10-28　魔法球木纹材质的调节　◀◀

10.5 其他镜头的摄像机动画

01 创建"摄像机"和"空物体",重命名"空物体"为"摄像机旋转",并将"摄像机"拖动到"摄像机旋转"的子集,设置"摄像机"的"焦距"为18,如图10-29所示。

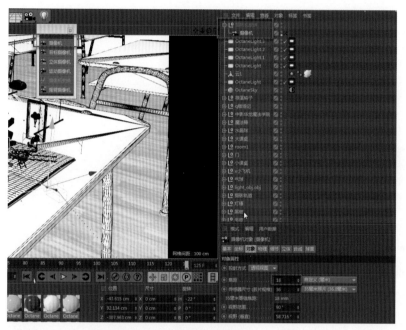

图10-29 创建"摄像机"和"空物体" ◀◀

02 分别在第0、50、125帧设置关键帧,在属性面板中为属性"坐标→P.X""坐标→P.Y""坐标→P.Z""坐标→R.H"设置关键帧动画。第0帧时"坐标→P.X"为−492.914cm,"坐标→P.Y"为−65.324cm,"坐标→P.Z"为−1441.509cm,"坐标→R.H"为−22°。第50帧时"坐标→P.X"为−43.615cm,"坐标→P.Y"为92.134cm,"坐标→P.Z"为−334.963cm,"坐标→R.H"为−22°。第125帧时"坐标→P.X"为−43.615cm,"坐标→P.Y"为92.134cm,"坐标→P.Z"为−307.963cm,"坐标→R.H"为−22°。之后在"时间线窗口"窗口中可以看到该属性的动画曲线,将动画曲线调节为如图10-30所示。

03 接着,制作"摄影机旋转"的动画,同样分别在第0、50、125帧设置关键帧,在属性面板中为属性"坐标→R.H""坐标→R.P""坐标→R.B"设置关键帧动画。第0帧时"坐标→R.H"为−40°,"坐标→R.P"为−76°,"坐标→R.B"为82°。第50帧时"坐标→R.H"为0°,"坐标→R.P"为0°,"坐标→R.B"为0°。第125帧时"坐标→R.H"为2°,"坐标→R.P"为0°,"坐标→R.B"为0°。之后在"时间线窗口"窗口中可以看到该属性的动画曲线,将动画曲线调节为如图10-31所示。

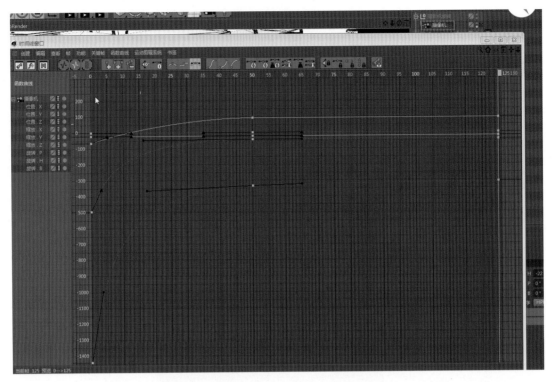

图10-30 "空白对象"动画曲线设置 ◀◀

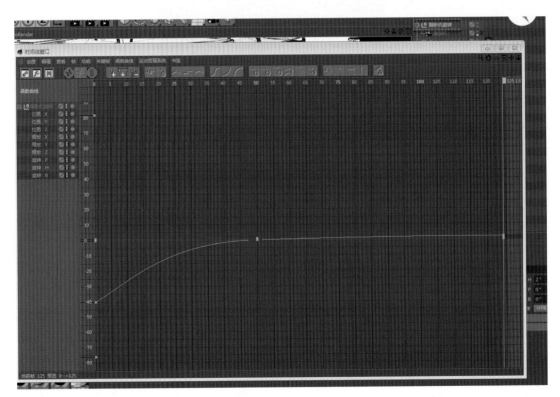

图10-31 "摄影机旋转"动画曲线设置 ◀◀

此时，动画部分已经完成，接下来就可以渲染输出。关于设置帧速率和输出，前面已进行讲解，由于篇幅限制，这里不再赘述，详见教学配套下载。

10.6 后期合成

本节在After Effects中讲解合成的基本套路和方法，包括素材叠加、景深模糊、调色、光晕特效等。这里只做落版镜头的合成制作，有关第一个"钥匙"镜头的合成技巧可参考此镜头。

10.6.1 初步合成

1. 素材查看

01 需要首先导入aec文件的多通道图像包括常规图像、阴影、环境吸收和对象缓存通道等多通道图像。当然，很多合成技巧都是通用的，之前章节已有详细讲解，这里不再赘述，详情解析可以参看下载的配套章节，如图10-32所示。

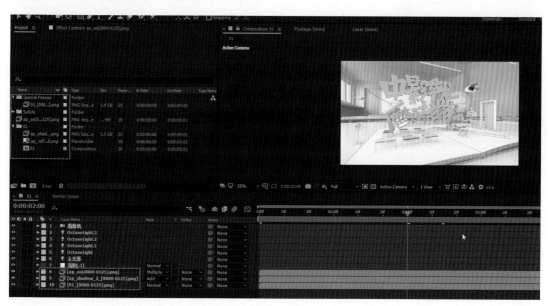

图10-32 导入AE中的素材显示 ◀◀

02 将需要单独调整的元素对象，使用渲染好的对象缓存通道单独分离出来，以便于单独调整和控制。以小课桌为例，导入常规图像"小课桌对象通道"和"基本图像.png"，将上述两个图像放入该合成，"小课桌对象通道.png"放置在"基本图像.png"的上层，设置"基本图像.png"图层的"TrkMat"属性为"Luma Matt"。用"基本图像.png"层作为"小课桌对象通道.png"的亮度遮罩,使视图中只有小课桌元素显示,如图10-33所示。

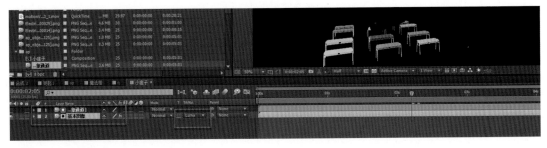

图10-33　对象缓存的应用　◀◀

2. 课桌元素调节

01 将"小课桌"合成放入"落版镜头"合成中,位置在"基本图像"图层的上方。在"小课桌.png"图层上继续添加"曲线"特效,调节曲线使小课桌的颜色更鲜艳,如图10-34所示。

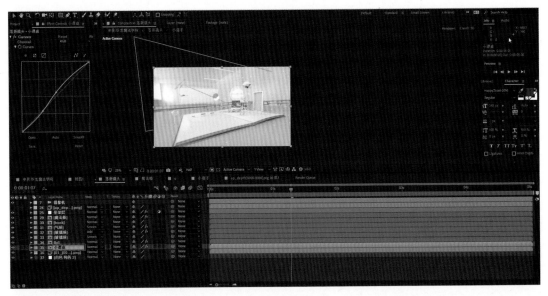

图10-34　添加"曲线"特效　◀◀

02 同理,对更多的元素按这样的方法调节,将元素添加"曲线"特效调节到适合的亮度,如图10-35所示。

图10-35　整体添加"曲线"特效　◀◀

10.6.2 景深模糊

01 将"ap-depth（0000-0125）"拖入合成中，放置在顶部并关闭其显示属性，创建"调节层"并将其重命名为"景深层"，在其上添加特效"Camera Lens Blur"，设置"Blue Radius"为5。继续设置"Blur Map-Layer"的图层为"24.ap_depth[0000-0125].png"，如图10-36所示。

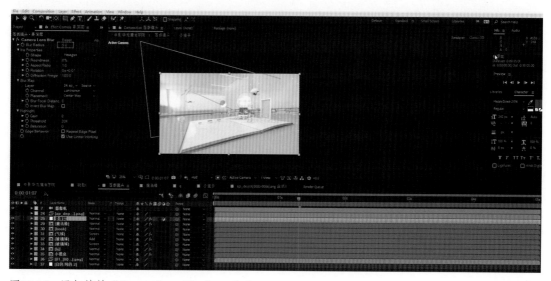

图10-36　添加特效"Camera Lens Blur"　◀◀

02 组接好第一个"钥匙"镜头和第二个"落版"镜头，再创建一个"调节层"并重命名为

"分色抖动"，在其上添加"Twitch"，调节参数如图10-37所示。

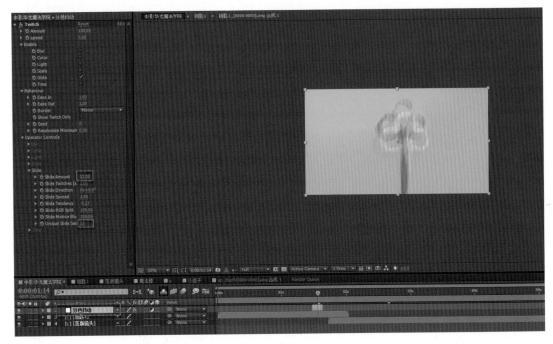

图10-37 添加"Twitch"特效 ◀◀

03 执行"Ctrl+M"快捷键即可输出成片设置"Format Options（格式选项）"为Photo-JPEG。最后，选择要输出的文件位置，如图10-38所示。

图10-38 输出设置 ◀◀

10.7　后期配音

　　将输出后的高清视频再导入After Effects中添加音乐和音效，音乐和音效已经提供，添加技巧可参看教学配套视频，如图10-39所示。

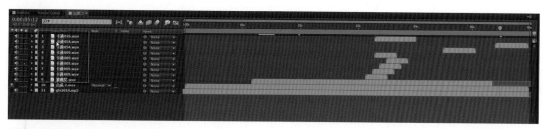

图10-39　配音素材 ◀◀

10.8　本章小结

　　本章讲解了"中影华龙魔法学院"、Octane渲染器渲染与After Effects合成的技法和流程。场景搭建的过程主要讲解了在Cinema 4D中摆放模型和摄像机设置。渲染技法中主要讲解了使用Octane渲染器插件进行布光、渲染设置、材质调节、渲染输出的方法。合成技法中主要讲解了使用After Effects对Octane渲染器渲染输出的多通道图像进行合成的方法。